JN098697

夢みる石

石と人のふしぎな物語

徳井いつこ

創元社

目次

石に踊る——44

石に語らせる——62

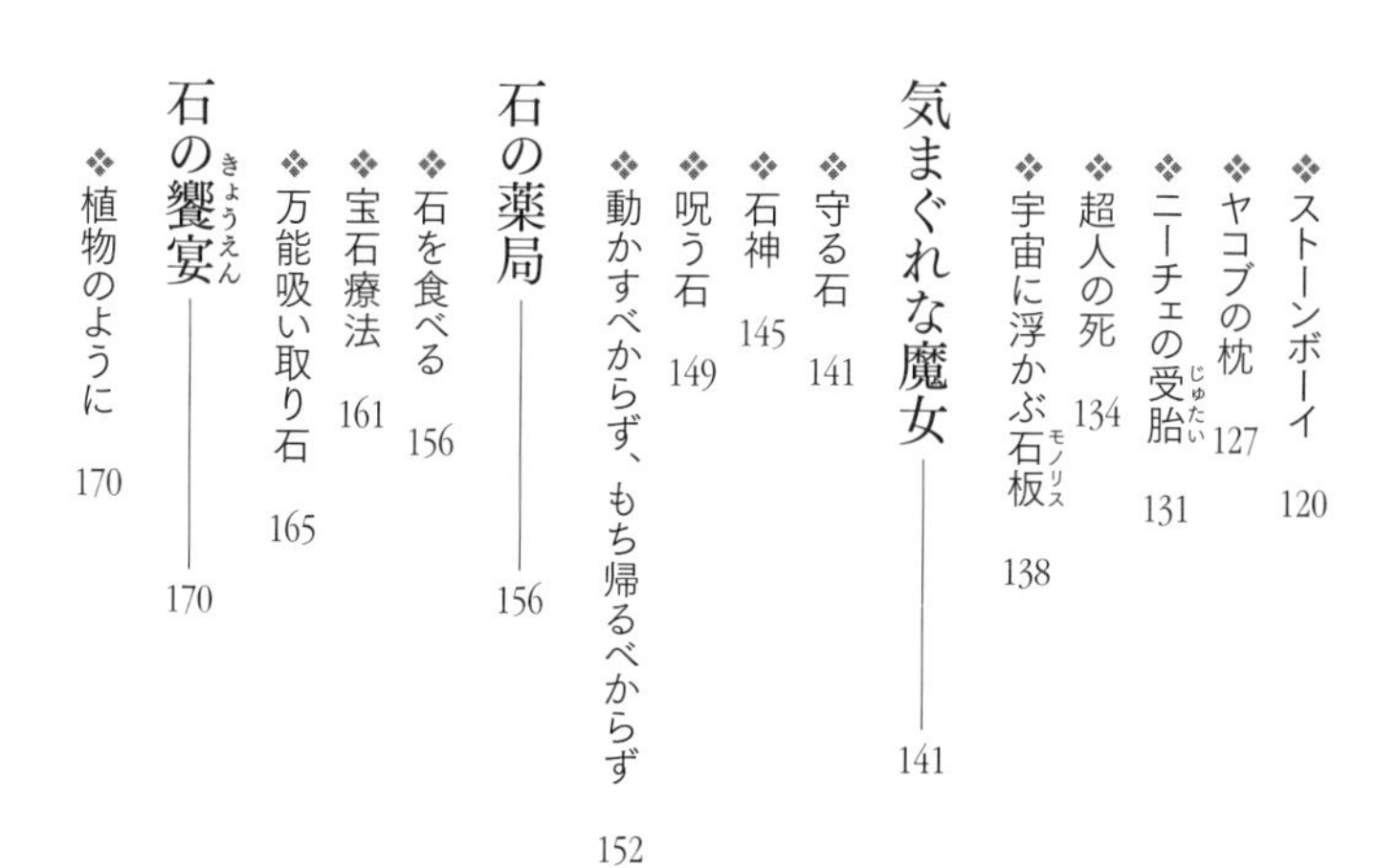

夢みる石

＊本書は『ミステリーストーン』筑摩書房、一九九七年を新装復刊したものです。復刊にあたり、一部に加筆修正を加えています。
＊引用文等に、現在では避けるべきとされる表現が含まれる場合がありますが、差別助長の意図はないと判断してそのまま収録しました。
＊引用文には編集部の判断で適宜ルビを振りました。

1章

私の部屋から

石の履歴(りれき)

❖大事箱と鼻煙壺(びえんこ)

私が石に惹(ひ)かれはじめたのはいつだっただろう。思いだせる最初の記憶は、クッキーの赤い缶だ。八歳か九歳の私は、それに大事なものを入れていた。姉にもらった蠟石(ろうせき)やゴム跳びの紐(ひも)、どんぐり、桜貝、道端で回収した色とりどりの電話線に混じって、あちこちで拾ってきたたくさんの石ころが詰まっていた。

その缶のフタを開けるのは決まってひとりのときだ。母が買物に出かけた昼下がりとか、料理にかかりきりになっている夕方、そろそろと中身をとりだし、畳(たたみ)の上に整列させる。私は頬づえをつき、石ころをつまみあげて、ひとつひとつの好きなところを言うことができた。これは黒い帽子、これはキャラメルの色、これはだれかが定規と鉛筆で書いたようなたくさんの線……。

石ころの何が私を惹きつけていたのかはわからない。烏（からす）がビー玉やボタンなどの光りものを巣に集めるようなものだったのかもしれない。あるいは、暑い夏の盛りもすべすべして冷たく、水につけると色が変わり、ひとつとして同じものはなく、小さな傷やへこみに気づいてからはロールシャッハテストの絵のようにまるで別物に見え、投げても蹴とばしても文句を言わず、饅頭（まんじゅう）だ、飴玉（あめだま）だ、とおままごとの勝手気ままな見立てにも黙ってつきあってくれる。そんなところが気に入っていたのかもしれない。

おそらく子どもの私は石を触りながら世界の手触りをたしかめていたのだ。その重さ、冷たさ、なめらかさ、愛らしさ。石を缶のなかに閉じこめることで、世界を所有しているように感じていたのかもしれない。

私の「大事箱」がその後どうなったかについては、何ひとつ覚えていない。栗鼠（りす）がどんぐりを埋めたまま忘れてしまうように、記憶のどこかに置き忘れてしまった。引っ越しを重ねていく過程でガラクタとして処分してしまったのかもしれない。

石が再び視野のなかに入ってきたのは、旅を始めてからだ。二十三、四歳のころ、香港（ホンコン）のハリウッド・ロードにある骨董屋（こっとうや）で小さな鼻煙壺を見た。手のひらにすっぽりおさまるくらいの、一見、香水瓶のようなかたちをしたそれは、十八世紀にフランスの上流階級のあいだで流行した嗅（か）ぎタバコの小道具だという。かびと香辛料のにおいが漂う薄暗い店の奥に、何百もの鼻煙壺がひしめきあう棚があった。ひとつひとつが磁器や真鍮、ガラスや象牙など違う材質でできており、なかには石を切りだしただけのシンプルなものが混じっていた。瑪瑙、琥珀、翡翠、煙水晶……。ひとつの壺が目を引いた。透きとおった流線形のボディーのなかに銀色に輝く無数の針が放射状に伸びている。針は電気石（トルマリン）の結晶であり、俗に「草入り水晶」といわれる珍しいものだった。それは人の手の装飾で覆われた壺のなかにあって、氷のように冷たく、超然とした美しさで立っていた。

鼻煙壺が並ぶ薄闇のなかにじっと身をおいていると、もやのようなざわめきが立ちのぼってくるのが感じられた。かまどの火の音、細工する音、こうではない、ちがう、そうだと呟いているつくり手の心の声、壺の出来をめぐって口々に語り合う声……。しかし水晶の壺は、そこだけ高い山の頂であるように、完全な静寂に包まれていた。その美しさは努力や技術によってつくられたものではない。深い地中で勝手に成長し、人の目に見いだされるまでただそこにあった。壺のかたちに仕立てた人は、生まれる子どもをとりあげた産婆にすぎない。

ほしいと思ったが、買える値段ではなかった。せめてまぶたに焼きつけておこうと手にとってからは、ますます手放せなくなった。ふと、これを所持していたのはどんな男だっただろう、という思いが浮かんだ。男の仕草、手のなかで石をすべらせ、ゆっくりと鼻孔(びこう)に近づける姿が見える気がした。男はこれをいつくしんだにちがいない。ジンのような濃密な透明、それを貫くおそろしくまっすぐな無数の直線が、人間ではない未知なる存在の手形であることは、不思議に男を安心させた……。

もしかすると、私は石そのものではない何かに惹かれはじめていたのだろうか。ある日突然に地中から掘り起こされ、さまざまないきさつと思惑(おもわく)の果てに、こうしてとある骨董屋に流れついた石の履歴について。あるいは、石の美しさに魅(み)せられ所有したいと願う人間について。

❖モルダヴァイト狂騒曲(きょうそうきょく)

見知らぬ土地を訪ねるにつれて、ほそぼそとではあるが身のまわりに石がたまるようになった。多くは足下にころがっていた石ころであり、なかにはお金を払って手に入れたものも含まれている。つくり手も原価もない石に値段がついている。考えてみれば奇妙なことだ。誰かがほしいと願えばどんなみすぼらしい石ころもれっきとした商品になり、ほしがる人が多くなればますます高価になっていく。石の値段を解体すれば純粋に人の気持ちだけでできているのだ。

私は、自分がもっている石のいくつかについて調べてみたことがある。もの言わぬ石の裏をかいて、彼らの身上書を手にしたいと思ったからだ。

ひとつひとつの石に思いがけない物語があった。ある石は空を飛び、ある石は女の目を飾り、ある石は薔薇(ばら)の花の夢を見ていた。人間がこれらの石を溺愛(できあい)し、少しのあいだもほうっておけないことが手にとれるようだった。どの物語のなかでも、滑稽(こっけい)で厳粛(げんしゅく)な石と人のダンスが繰り広げられていた。

さて、空飛ぶ石の話だ。

私のパソコンの横にぽつんと置かれている暗緑色の石がある。夕暮の陽光がゼリーのような半透明の石を通過し、淡い緑の影を落としている。初めて見たとき、触れるのをためらった。ふつうの石とは明らかにちがう。葉脈のような細かい溝が表面を覆(おお)っている。まるで何かが蒸発した際によじれて縮みあがった残りかすのようだ。

石の名前はモルダヴァイトという。巨大な隕石(いんせき)が地球に激突したときにできる天然ガラスであるテクタイトの一種で、チェコスロバキア（現在はチェコとスロバキアに分離）のモルダウ地方から採れるところからこの名前がついた。テクタイトはふつう黒色をしているが、モルダウ地方で採取されたものだけが地球上で唯一、緑色をしているという。

テクタイトの起源は、いまだに謎につつまれている。熱せられた跡があり、涙や滴(しずく)、鏃（やじり）、円盤、流線形など飛来物特有のかたちをしていることから、少なくとも一度大気圏をくぐってきていることは確かである。隕石が激突したときの衝撃でガラス化した物質が一度上空に舞いあがり落下した。その点ははっきりしているものの、物質の起源が隕石にあるのか、地球の岩石や土砂にあるのかがわからない。一説には、隕石激突の舞台は地球ではなく月であり、その衝撃で月の石が吹き飛んで地球に飛来したとも考えられている。

月から石が飛んでくる。奇異に思われるが、南極では五つの月の石が見つかっている。宇宙は物質であふれていて、犬も歩けば棒に当たるように、石も飛べば星に当たるのだ。いまもどこか無人の大地に、ひとつ、ふたつと月の石が落ちているかもしれない。

モルダヴァイトについては、月の起源でないことがはっきりしている。南ドイツにあるリースクレーターとの因果関係が明らかにされているからだ。リースクレーターは直径二十四キロ、深さ四百メートルの巨大な隕石孔（こう）だ。くぼみの中心にはネルトリンゲンの町が形成されていた。このまるい盆地が隕石クレーターであると証明するためには、地層のめくれかたや衝撃によるシャッターコーンの分布など、相当量の具体的証拠をそろえる必要があった。隕石が衝突したのは一千四百五十万年前の新生代中新世であり、モルダヴァイトはこのときできたと推定されている。

ドイツに落ちた隕石の関連物が、なぜ三百キロ近く離れたチェコスロバキアで見つかるのだろう？　答はひとつだ。石が空を飛んだ。プリンのうえに物を落としたのと同じように、その滴がはるか彼方に飛び散った。隕石も地球もときにはやわらかく、液体のようにふるまうことをモルダヴァイトはおしえている。

石は飛行機と同じくらい、あるいはそれ以上の高度を旅したかもしれない。おびただしい緑の石が一群となって飛んでいく。音もなく雲を追い越し、星がまたたく闇を弾丸のように突き抜けて。そしてある日、雷雨となって大地に降り注ぐ。静寂が戻ると、あたり一面に見たこともない無数のガラスが輝いている。

一千四百五十万年前といえば、人類はまだ出現していなかった。猿人のアウストラロピテクスは四百〜二百万年前に人類（最初の原人）に進化し、ホモサピエンス（新人）への進化は二十万年前に起こったという。モルダヴァイトは、人類によって見いだされるまで一千万年以上の歳月を待たなければならなかった。

私は石を手のひらにのせてみた。それは外見よりも軽く、流線形をしている。つぶさに目をこらしても、石のどこにも平面は見あたらない。すべてがのたうちねじくれ、波うっている。裏面を陽にかざすと、脈絡のない流動のなかに一ヵ所、Gというアルファベットが見える。人のつむじのようにくっきりと。それは誰かのサインのようだ。

人類はすでに旧石器時代の初期には、モルダヴァイトをお守りとして身につけていたこ

モルダヴァイトのルース〈石橋隆氏蔵〉と原石〈著者蔵〉

とが知られている。ガラスのような材質と奇妙なかたちが彼らの目を惹きつけたことは想像にかたくない。オーストリアでは二ヵ所の旧石器時代の遺跡からモルダヴァイトが発見されている。時代はくだって、十八世紀にはペンダントや男性用の杖飾りとして珍重され、教会の顕示台（聖体を入れて信者に礼拝させる器）にも使われた。チェコスロバキアでは結婚前の男性が幸運の石として婚約者に贈る習慣があったという。

十九世紀に入るとモルダヴァイトは宝石商のリストに登場する。カッティングをほどこし金銀の台をつけた宝石として高値で売買された。しかし緑色の洋酒のボトルからつくった偽造品がでまわるようになり、ブームはあっけなく衰えた。

二十世紀に入ってからは、アメリカのニューエイジ・ムーブメントにのって体外離脱やチャネリングなど精神世界探険の小道具になった。一説には「この石を握って瞑想すると、石が脈動を始め、石のエネルギーで動悸が激しくなって泣きだしてしまう」といわれ、この現象は〝モルダヴァイト・フラッシュ〟と呼ばれた。またこの石が発している「宇宙からの波動」が人間本来の治癒力を高めるとして、水のなかに石を浸してつくった〝モルダヴァイト・ウォーター〟や、薔薇の花を使った〝モルダヴァイト・ハーブ〟なる多彩な副産物も生まれている。

どこかにモルダヴァイト狂騒曲という名前のコンチェルトがあって、歴史の通奏低音のように大きくなったり小さくなったりしているのだ。石の狂騒曲を聴くのは、それが自分がもっている石であればなおのこと心がはずむ。まるでタイムマシンに乗ったように束の間、広大な時空間のなかの一点に移動し、石と人の熱愛を見届けることができる。

❖アイスマン・エッツィの黄鉄鉱

黄鉄鉱に触っていると、見たこともない五千年前のアルプスが浮かんでくる。

ひとりの男が追手をのがれて険しい山道を逃亡していた。男は数週間前に事件に巻き込まれ、右胸の肋骨を骨折していた。季節は冬に向かっており、いやな雪雲が行く手に垂れこめていた。男は悪天候から身を守るため窪地で一晩明かすことにした。男が牛皮製のポシェットに入れていつも肌身離さず腰に巻いていたもの、それは発火道具だった。フリント(燧石)の塊とツリガネタケの火口、そして黄鉄鉱の塊だ。彼はフリントに黄鉄鉱を打ち合わせ、そのとき飛び散った火花を乾燥したツリガネタケの果肉に移して、器用に火を燃えあがらせることができた。

男の願いをあざ笑うように、容赦ない吹雪がおそった。降りしきる雪のなかで、あるいは男はあかあかと燃える火の夢を見ていたかもしれない。火のそばには妻や子、兄弟たちがすわっている。濡れたからだを乾かせば気持ちがいいだろう……。

雪はみるみる男を埋めつくし、氷となり、やがて氷河となった。五千年後の一九九一年九月十九日、男は吹雪の日の姿のままで発見された。傷ついた右胸をかばうように左を下にして倒れており、目は遠くを見つめるように開かれたままだった。男の周囲には、刃のこぼれた短剣や、壊れた矢筒(やづつ)、未完成の矢が散らばっていた。そして倒れている頭のすぐそばに、シラカバの燠(おき)入れ(炭火を保存するもの)が転がっていた。それは、おそらく死が彼を奪う最後の瞬間まで握っていたものだった。

イタリア北部のアルプスから見つかった五千年前のミイラは、発見されたエッツ渓谷の名前をとって「エッツィ」というニックネームで呼ばれた。エッツィの奇跡は、五千年ものあいだ氷河のなかにありながら氷河の移動や圧力に遺体がまったく損なわれなかったところにある。それればかりか彼のからだには体液が残っており、解凍されたのちにはわずかにからだを曲げることもできた。保存されていたのは遺体だけではない、携帯品と行き倒れの現場がそっくり残されていたのである。何もかもが世界で初めてのことだった。

黄鉄鉱の塊は、袋の裂目から落ちてしまったものらしく発見されなかった。しかし、ツリガネダケの火口に無数に付着して輝いている金色の結晶が、たしかに黄鉄鉱が使われていたことを証明していた。

男はそれをどこかの岩場で拾ったのかもしれない。黄鉄鉱は鉄分と硫黄(いおう)があればどこにでも出現し、結晶しやすい性質をもっている。英名はパイライトといい、その語源はギリシャ語で「火」を意味するパイラに由来している。硫化(りゅうか)鉱物のなかでは異例の硬度を誇り、固いものと打ち合わせると火花が飛び散るところから、先史時代から発火道具として広く使われた。男のポシェットに入っていた黄鉄鉱はどんなかたちのものだったろう。立方体の結晶だったろうか。あるいは五角十二面体だったろうか。

私の石は、スペインのログローニョ産のものだ。白い滑石(かっせき)の母岩に黄鉄鉱の立方体がいくつも埋まっている。初めて見たとき、自然の造形であるとは信じられなかった。どこから見てもそれはモダンアートの芸術家がこしらえた作品で、ペーパーウェイトとして使えばすばらしいだろうと思われた。その後、アメリカの博物館で出会った黄鉄鉱は、巨大なモニュメントのように見えた。あるものは一辺十五センチほどの立方体が積木のようにつながり空に向かってそびえ立っていた。またあるものは、無数の小さな五角十二面体がエッシャーのだまし絵のように組み合わさりさらに大きな十二面体をなしていた。

黄鉄鉱に出会うまで、私はコンピューターグラフィックスで描きだしたような完全な立体は人間の頭のなかだけにあり、自然界には存在しないと思っていたのかもしれない。まっすぐな道路、等間隔で並ぶ街路樹、直方体のビル、左右対称の窓……そうした都市の光景のなかに、限りなく秩序を志向する人間の特異性を感じていたのかもしれない。いま思えばたいへんな無知である。鉱物の世界は、知れば知るほど数学、幾何学（きかがく）の世界であり、むしろ人間のほうが鉱物を模倣（もほう）しているといってもよかった。

ギリシャ、ローマ、インカ……。多くの古代文明が、黄鉄鉱をジュエリーとして珍重した。「パイライトサン（黄鉄鉱の太陽）」と呼ばれる珍しい円盤状の結晶が、そっくり見事なネックレスとイヤリングに生まれ変わっているのを見たことがある。黄鉄鉱はその色と輝きから、しばしば金と間違えられる。かつて黄金ラッシュにわいたアメリカでは「フールズゴールド（愚（おろ）か者の金）」の異名をとり、わが国の地質相談所にはいまだに黄鉄鉱を抱えて「金ではないか」と駆けこんでくる人があとを絶たないという。金は噛（か）むと歯型がつくほどやわらかく山吹色（やまぶきいろ）を帯びているのに対し、黄鉄鉱は固く、同じ金色でも青みを帯びているのが特徴らしい。

❖緑の石、赤の石

五千年前のアルプスで遭難した男の話に戻ろう。彼が携えていた限られた持ちもののなかに、石でつくられたものがいくつかあった。ひとつは鎌（かま）や錐（きり）として用いられたフリント製の道具、同じくフリントの刃をもつ短剣、装飾品と思われる大理石の小さな石板、そして石そのものではないが、孔雀石（くじゃくせき）から鋳造（ちゅうぞう）された銅の斧（おの）である。

孔雀石は、英語で「マラカイト」と呼ばれ、その語源はアオイ科の植物を意味するマロウに由来している。ゼニアオイを思わせる鮮やかな緑の濃淡が、孔雀の羽のような精妙な模様を描いている。

孔雀石は銅の二次鉱物だ。雨水や地下水が黄銅鉱などの硫化(りゅうか)鉱物を溶かし、それが再び凝結(ぎょうけつ)して石になる。水の動きを思わせるあの模様は、まさに水が長い年月をかけてつくりだしたものだった。孔雀石は縞目の美しさから断面が愛(め)でられることが多いが、塊(かたまり)のままの姿も不可思議な魅力をもっている。いくつものあぶくが合体してかたまったような、あるいは生きものの卵巣のようなかたち。

ときには中に空洞(くうどう)があり、藍銅鉱(らんどうこう)（アズライト）の青い結晶が生えていることがある。結晶は苔(こけ)か菌類のようにびっしりと内部を覆(おお)い尽くしていたり、小さな薔薇(ばら)の姿となって咲き競っていたりする。藍銅鉱は結晶していない場合もしばしば孔雀石と混じり合った状態で発見され、これをボール状に研磨すると、青と緑の流れる文様がまるで地球のミニチュアのように見せてくれる。

アメリカの科学史家アイザック・アシモフによると、銅はいまのイランにあたるスメリヤ地方の山岳地帯か、エジプトの東シナイ半島で発見された。最初はおそらく焚火(たきび)がきっかけだっただろう。偶然、孔雀石や藍銅鉱の岩のうえで火を焚(た)いた人が、灰のなかから輝く塊を見つけた。それを繰り返すうちに、これらの石を燃やせば銅がとれることを覚え、やがて紀元前六〇〇〇年ごろには冶金の技術が始まった。

かつてエジプトの銅は、孔雀石からつくられた。シナイ半島の岩山にはクフ王が銅をこの地に求めていたことが記されており、ピラミッドの石を切りだすために銅製の鋸や斧が使われたと考えられている。

孔雀石は、エジプトでは緑のアイシャドウとしても活躍した。石をすりつぶして粉にしたものを、アラバスター（雪花石膏）のパレットの上で水と混ぜ合わせ、指や細い棒を使って塗りつける。クレオパトラはキプロス産の孔雀石を愛用していたという。壁画などに見られるエジプト人特有の切れ長の大きな目は、石を駆使した化粧だった。日本では岩絵具として使われ、古くは高松塚古墳の壁画の緑が孔雀石であることがわかっている。

顔料としての歴史が最も古いのは、おそらく赤鉄鉱だろう。アフリカのスワジランドにある赤鉄鉱の鉱山ライオンキャバーン（ライオンの洞窟）は世界最古であり、十万年以上前から掘られていたことが知られている。鉄の使用が始まるはるか昔、人々はわずかな石器を使った手掘りで、深さ十二メートルもの坑道をつくっていた。彼らは赤鉄鉱を、鉄の材料としてではなく、神聖なる赤の顔料として使った。生者の化粧、死者の埋葬、儀礼用の瓶や壺の装飾……あらゆる呪術的な場面で赤鉄鉱が必要とされた。この石の粉からなる赭土（しゃど）は、しばしば交易の重要品となった。

赤い土を使った埋葬は、地球上のいたるところに見いだすことができる。南フランスの洞窟から見つかった四万五千年前のネアンデルタール人、二万年前のドイツ南部バイエルン地方のマンモスの牙を使った埋葬、一千年前のアメリカ・ミンブレスバレーやミシシッピ川上流に点在する塚群の埋葬……いずれも遺体のまわりにはびっしりと赭土が詰め込まれていた。ホンジュラスの洞窟から見つかった三千年前の人骨は地下水の作用から輝く方解石の結晶に覆（おお）われていたが、その下、骨の表面には赤い顔料が入念に塗布されていた。

赤の色は、人々に血を連想させたのかもしれない。おそらくは、大地の血といっしょに葬（ほうむ）ることで、死者の再生を願った。赤鉄鉱には止血効果があると長いあいだ信じられ、バビロニアの戦士たちがこぞって身につけたという逸話も同じ連想に根ざしている。

赤鉄鉱の信仰は、いまも連綿と続いているように見える。アフリカのある部族は崖の窪（くぼ）みに安置した死者のからだに赤鉄鉱の粉をかぶせることを欠かさず、カラハリ砂漠のブッシュマンやオーストラリアのアボリジニは赤鉄鉱を探す厳粛（げんしゅく）な巡礼を定期的にとり行なっているという。

❖アイアンローズ、デザートローズ

私が初めて赤鉄鉱(せきてっこう)(ヘマタイト)に出合ったのは、インディアンの土器づくりの女性の家だった。彼らは土器の顔料としてこの石を使う。固い岩盤の上で墨のように摺(す)りつぶされ、ちびてまるくなった赤黒い塊(かたまり)は、さして興味をひくような代物(しろもの)ではなかった。それが人類の歴史そのもののような石であると知ったのは、だいぶたってからである。

私がもっている赤鉄鉱は、暗褐(あんかっしょく)色に沈んだボディーに無数の細かい溝が走っている。ところどころが腐食していて、指で引っかくとラメのような粉がぱらぱらと落ちる。が、光にかざすと油を流したような銀になり七色に輝く虹(にじ)になる。まるで長いあいだ土中に埋もれていた剣のようだ。

アメリカの自然史博物館で見た赤鉄鉱はひとかかえほどの球体で、血に染まった人間の脳にそっくりだった。ホルマリンのジャーに入っていればそれが石であるとは誰も気づかなかっただろう。臓器や水泡を思わせるかたちは、孔雀(くじゃく)石と同じく水によって溶けだした成分が凝結(ぎょうけつ)してできたものらしい。

その後、あちこちの博物館で「ヘマタイト」と書かれた石を見た。それらはまるで、学芸員がタグをつけ間違えたとしか思えないくらい、まったくべつの風貌(ふうぼう)をしていた。あるものは銀色に輝く六角形の鏡であり、かつてインディアンはこれを天然の鏡として利用したという。またあるものは虹色の花びらをもつ薔薇(ばら)であり、「アイアンローズ」の愛称で親しまれた。

薔薇といえば「デザートローズ」と呼ばれる石膏(せっこう)や重晶石(じゅうしょうせき)の結晶は、アフリカやアメリカの砂漠から、とき折り群落で発見される。これは砂漠の水に含まれるミネラル成分が薔薇花形(ロゼット)に凝結して生まれてくるもので、デザートローズがあった場所にはかつて湖が存在したと考えられるらしい。

結晶の際にまわりの砂を排除することができず内部に砂を取りこむため、結晶のかたちが不完全なものとなり、これが逆にまるい花弁のように見せ、赤い砂のなかに産出すればほんのりと紅のさした一輪になる。

私の薔薇はいくぶん落ちついたベージュである。三百六十度に咲き競い、花というよりは手毬(てまり)のような、それが増殖し、くっつき合って十五センチほどの塊になっている。いったいどこの砂漠から来たものか、サハラかカラハリか、モハーベかソノラか。かつて水があったとすれば、あるいは石は消えてしまったオアシスの町を記憶しているかもしれない。

薔薇花形(ロゼット)が鉱物、植物の世界に広く見いだされることには、何かしらの秘密が隠されているように思われる。植物では、バラ科のみならずベンケイソウ科、アーティチョークやキャベツ、サボテンの種族も美しい薔薇花形(ロゼット)をとることで知られている。リュウゼツランの観察によると、新しい芽は先の芽のすぐ上や横にはできず、円を三分割した線上に生える。芽を古いものから順番に線で結んでいくと、完全な螺旋（らせん）を描いて中心に向かっていることがわかる。つまり螺旋を展開したものが薔薇花形（ロゼット）なのだ。

おそらく自然のなかには見本帳があって、すべてのものはそれを共有している。空から見下ろした丘陵のひだが、羊歯（しだ）植物の葉や、氷の微細な結晶と同じパターンを紡（つむ）ぎ、ふと日常のなかに見いだすパンケーキの気泡が月のクレーターを、鍋の底に沈澱（ちんでん）したブイヨンの粉がハリケーンの姿をなぞっていたりする。まるで誰かがオーバーヘッド・プロジェクターを使って、せっせとひとつのデザインを縮小したり拡大したりしているように。

石のうえにその仕事を見いだすとき、ほかの何よりも驚きを覚えるのはなぜだろう。不可能なものが、決して答えられない問いがそこに沈黙しているように感じるのは私だけだろうか。

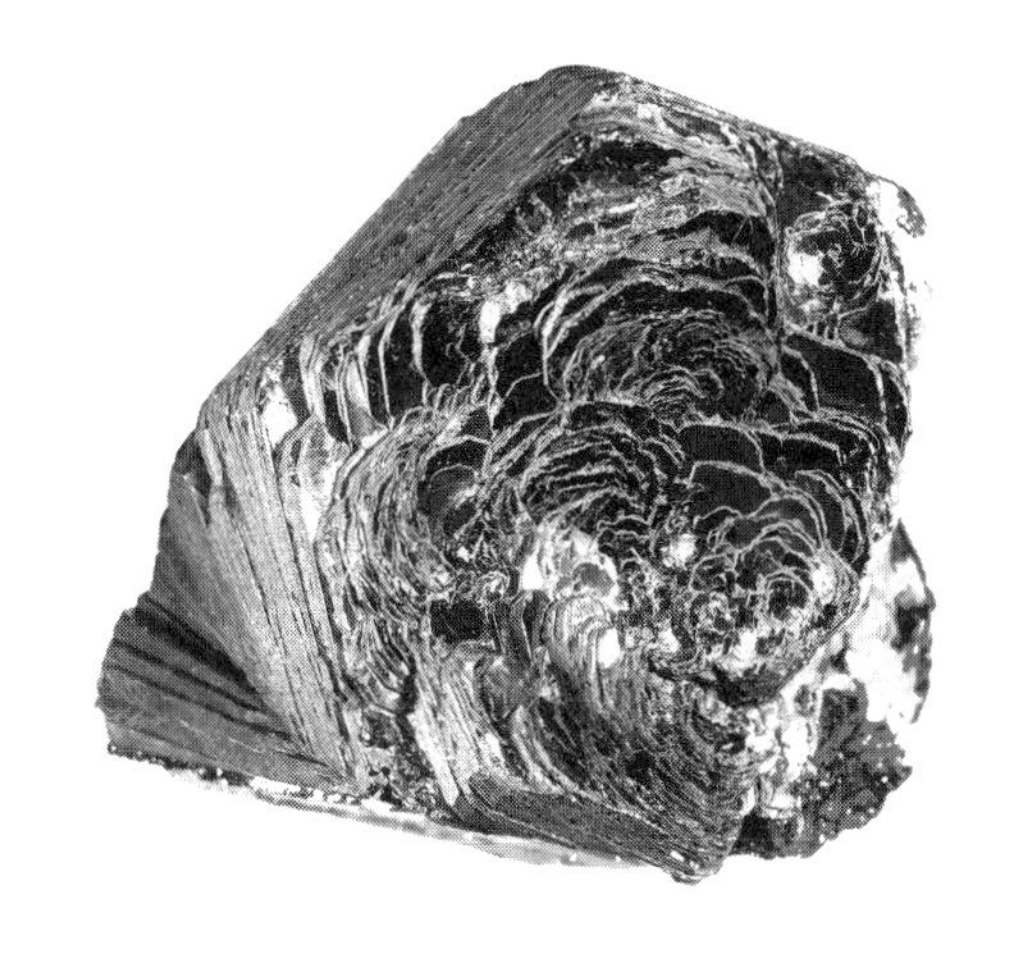

アイアンローズと呼ばれる赤鉄鉱〈石橋隆氏蔵〉

石膏（左）と重晶石（右）のデザートローズ〈石橋隆氏蔵〉

2章 石ぐるい

石に落ちる

❖家庭問題

何かにとり憑かれている人というのは、一風変わって見えるものだ。とりわけ石に熱をあげている人は奇妙な印象を与えるように思われる。

ある鉱物専門店の店員は、「みなさん、ご自分はふつうと思っていらっしゃるんです。でもね、傍から見たら、とんでもない変人で」と感慨深げに語っていた。ある客は水晶に手をかざし「あ、くる、くる！」と狂喜し、またある客はアメジストの晶洞のなかに頭ごと突っこんで「うー、すごい」とうなり、またある客は石のなかに小さな人が住んでいてそれが話しかけてくることを熱心に語り、別の客はどういうわけかガイガーカウンターを片手に放射線を放っている石ばかりを集めたがり、また別の客は閃ウラン鉱という放射性鉱物をお守りと称して肌身はなさず、また別の客は長石を浸しておくと二級の酒が一級になると信じて疑わない、といった具合である。

たいていの一般市民は、目に見えない世界の理解を超えた話を避けようという本能をそなえており、石ぐるいの言動も、ときには敬遠されることがらとして映るかもしれなかった。石ぐるいたちもそれを心得ていて、鉱物専門店というおそらく同好の輩（やから）が集う場所だからこそ、甲冑（かっちゅう）を脱いでくつろげるのかもしれなかった。

もちろん鉱物そのものにしか興味のない学究タイプの客もいるわけで、しかしどちらにしても、石を集めることに伴う「家庭問題」を抱えていることにちがいはない。家庭問題とは、ひとつには集めた石を収納する場所の問題である。鉱物雑誌は、こぞって石専用タンスや各種空箱の利用法を紹介し、いかに鉱物標本をコンパクトに整理し「家庭問題」を克服するかという点に腐心（ふしん）していた。私がうかがったある鉱物研究家のお宅は、玄関や階段にいたるまで足の踏み場もなくダンボール箱に占拠され、石の重みで家が傾いていないのがつくづく不思議だった。ご夫婦そろって、非常に石に似かよった印象を受けたのは、おそらく夫人もまた良き石の理解者であり愛好家であるのだろう。

石ぐるいの多数は、どういうわけか男性である。だいたい物を集めるという病（やまい）にとり憑（つ）かれるのは男性が多いようだ。一方、夫が過度にのめりこむことをこころよく思わない女性は多い。たとえ相手が石とはいえ、金銭がかかることではあるし、毎週末ハンマーにルーペ、磁石を携えて家を空けられたのでは家族の時間もあったものではない。

鳥取の一行寺の住職、中野知行さんは、三十三年かかって集めた石を展示する私設の鉱物資料室を境内につくった。鉱物だけで一万種、それとは別に化石の標本室もある。中野さんは日本で初めて鳥取翡翠を発見した人であり、これによって糸魚川周辺を日本唯一の翡翠の産地とするかつての定説はくつがえされた。アマチュアおそるべし、という事実を鉱物のプロたちに見せつけたのである。実際、彼のコレクションのなかには、博物館関係者も涎を垂らすような石がいくつか含まれている。中野さんは言う。

「粗衣粗食じゃなきゃ集まらん、いう考えがあるんですわ。むかしから収集家ちゅうのは、貧乏たれみたいな格好をして、知らん間に集めとる。わしらでも同じことです。そりゃ石にはお金を注ぎこみました。家内に悪いことをしたなあと思います。七十歳すぎて初めて服を買ってやったんですわ。いままで文句いわずにね、知らん顔して、わしのわがままを許してくれました。それでもたまにね、新しい石を見ると、あらってな顔をするから、あ、それは前からあったよ、いうてごまかすんです」

石ぐるいに、むかしからお坊さんが多いのも、ひとつの事実である。「お寺は敷地が広いですから収納場所には困らないですわ。それと寺だから、代々まで残せる」。都会の狭いマンションで苦戦しているマニアたちを見ると、この言葉には説得力がある。

❖運の人

店や鉱物ショーで買いあさる場合はさておき、石を探して山をうろつきまわる場合、好みの石に出会えるかどうかは多分に運まかせのところがある。鉱物研究家の堀秀道さんは、鉱物の産地に行くと「鉱物たちが、からだに飛びついてくる」という実感をもつという。

「いつでもね、仲間が歯ぎしりするくらい運のあるやつがいるんです。私もそのうちで。ときどき先祖のひとりに山師がいたかなと思うんです。運のない人は、石やるのに向いてないいんじゃないですか」

この話にどきりとする人が少なからずいるのではないだろうか。

山勘とは、山師の勘という意味である。実際、いくら鉱物の知識をもっていても採れない人は採れない。鉱物は運と勘である、というのがマニアたちの認めざるを得ないところのようだ。運のない人は報われないことに嫌気がさしてやめてしまい、運のある人だけが残るしくみになっているのか、石ぐるいのなかには、自分の運に十全の自信をもっている人が多い。

石ぐるいのひとりであった宮沢賢治は小説「楢ノ木大学士の野宿」のなかで、宝石学の専門である大学士に自分の謎めいた才能を吹聴させている。

「僕は実際、一ぺんさがしに出かけたら、きっともう足が宝石のある所へ向くんだよ。そして宝石のある山へ行くと、奇体に足が動かない。直覚だねえ。いや、それだから、却って困ることもあるよ。たとえば僕は一千九百十九年の七月に、アメリカのジャイアントアーム会社の依嘱を受けて、紅宝玉を探しにビルマへ行ったがね、やっぱりいつか足は紅宝玉の山へ向く。それからちゃんと見附かって、帰ろうとしてもなかなか足があがらない。つまり僕と宝石には、一種の不思議な引力が働いている、深く埋まった紅宝玉どもの、日光の中へ出たいというその熱心が、多分は僕の足の神経に感ずるのだろうね。その時も実際困ったよ。山から下りるのに、十一時間もかかったよ。けれどもそれがいまのバララゲの紅宝玉坑さ」

❖夢の石

「石どもの日光の中へ出たいという熱心」だけではなく、こちらの熱心が大いに引力に関係しているという人もいる。京都に住む小林進さんは、いまはもう絶産になったといわれる滋賀県田上の花崗岩地で大きなトパーズや煙水晶、アメジストを続々と採集しては周囲を驚かせている人だ。

「僕は山に行きますと、まず、欲しい石を自分なりに想像するんです。これくらいの色で、こんなかたちで、こんな太さのやつ……と具体的に。〝欲しい〟という気持ちの強さが絶対必要。欲しい、欲しい、欲しい、と願わんとあかんのです」。「それとやっぱり、夢を追う人間でないとあきません。お金のこと、時間のことばっかり計算してやってますとね、必ず壁にぶちあたります。石を探すなんて、そもそもが間尺に合わへんですもん。夢の大きさに合わせて採れるんですわ」

　夢をもつには勇気がいる。欲しいものを欲しいと言うには子どものように天真爛漫で、世界と自分を信頼していなければいけない。

　欲しい、欲しい、と願っていると、石は夢のなかにまであらわれるようになる。

「石の夢はよう見ます。自分が江戸かチャンバラ時代のような格好をして、金鉱を探して山のなかをほっつき歩いてるんですわ。もし僕に前世があったとしたら、おそらく山師やったかな、と思います。それとか、おかしいのはね、よその家の横にペグマタイトがあって、掘っていくと、その家の土間にでてしまって困ってる夢！」

　正夢を見ることもある。

「あるとき、夢のなかで一生懸命岩を掘っているんです。すると、六角鉛筆くらいの大きさのアクアマリンが続々とでてきたんですわ。うわーと思て手にとると、チャリンチャリンとガラスが触れ合うようなきれいな音がするんです。目が覚めて、あーあ、夢やったかと。で、何日もせんうちに夢で見たのと同じのがごっそり採れた。きっとこれは石の精が導いてくれたんやないかなと、勝手なこと想像してますけど」

江戸時代の石の収集家であり、希代の石ぐるいであった木内石亭は、著書『雲根志』のなかで、これに類した体験を打ち明けている。

「その始めこれ（葡萄石）を夢中に得たり。予十八歳の正月十八日の夢に、いずこもしらず市中をよぎるに、小さき古鉄店にこの石を糸にて釣り下げたり、近寄って手に取り見れば、真の葡萄にして実は石なり。すなわち賤価に求め得たりと見て覚めぬ。翌日同志の人々に語りて一笑とす。さてその翌年の正月十八日、ふと大津高観音へ参詣するに、去年夢に見しごとき古鉄店にこの石を釣り下げたり。賤価に買い去ることすべて夢のごとし。あに奇遇にあらずといわざらんや」

〈『日本古典全集　雲根志』日本古典全集刊行会より〉

夢のなかで見知らぬ町を歩いていると鉄をあつかう小さな古道具屋に葡萄石がぶらさがっているのを見つけ安い値段で買い求めた。翌年の同じ日、大津高観音へお参りに行ったときそっくり同じ光景を目にし、夢と同様に買い求めた、というのである。葡萄石とは葡萄のように玉が房状（ふさじょう）に集まったもので、人工のように見えるが天然であり、青玉髄（せいぎょくずい）が一体になったものだろうか、と書いている。

いったい石亭という人には、霊感がそなわっていたのだろうか。石にかけては正夢をいくつも見ているようである。動物が消化を助けるために胃のなかに入れる「胃石」にまつわる、おかしな夢を見ているので引用しよう。石亭は「鮓答（さくとう）」という名前で紹介している。

「江州甲賀（ごうしゅうこうが）郡石原村に坂村長円という人あり。竜の珠（たま）という物を珍蔵す。青色にて光沢あり。西瓜（すいか）ほどの美玉なりと。予数年これを見んことを望めども、この人他国につとめある人なれば、十余年むなしく暮しぬ。時に去年正月五日の夜、夢に坂村長円なる人錦（にしき）の袋にかの玉を納め、首に掛けて予が家に来たり珠を出し見す。予これを見るに鮓答なり。よって予これは癩馬（らいば）の腹に生ずる鮓答という物なりという。長円大いに怒って、左様の穢（え）悪（あく）なる物にあらず、わが家重代の至宝竜（しほうりゅう）の生珠（いきたま）なりとて、袋に納め首に掛け去るとみて夢はさめぬ。翌日同志の友に語りてわらいぬ。後二月五日実の坂村長円来たる時に、元来知る人にあらねども夢に見し人品（じんぴん）にかわらず。一通りの物語終わりて、首に掛けたる錦の袋より玉を出し予に見せる。予これを見るに、色かたち大いさ夢に見し物に寸分違（たが）わず。はたして鮓答なりし」

竜の珠なるものをもっている坂村長円という人がいた。石亭は一度見てみたいと思っていたが、かなわぬまま十数年が過ぎていた。あるとき、夢に長円があらわれ、錦の袋にうやうやしくおさめた珠を見せた。石亭が「これは馬の腹からでる鮓答である」と言うと、「そんな汚らしいものではない。代々伝わる家宝、竜の生珠である」と長円が激怒し帰ったところで目が覚めた。一ヵ月後、実際の長円がやってきて石を見せ、それはやはり夢で見たとおりの鮓答であった。夢における長円と石亭の対応は、石ぐるいの二つのタイプをあらわしているようで興味深い。

❖石談より他を禁ず

木内石亭（きのうちせきてい）は、江戸時代の奇人として名高かったようだ。石亭が七十三歳のときに出版された旅のガイドブック『東海道名所図会（ずえ）』には、名所旧跡と並んで、近江の草津近くに住む石亭翁（おう）として紹介されている。それによると、彼は朝な夕な香（こう）を焚（た）いては石に見惚（みほ）れ、

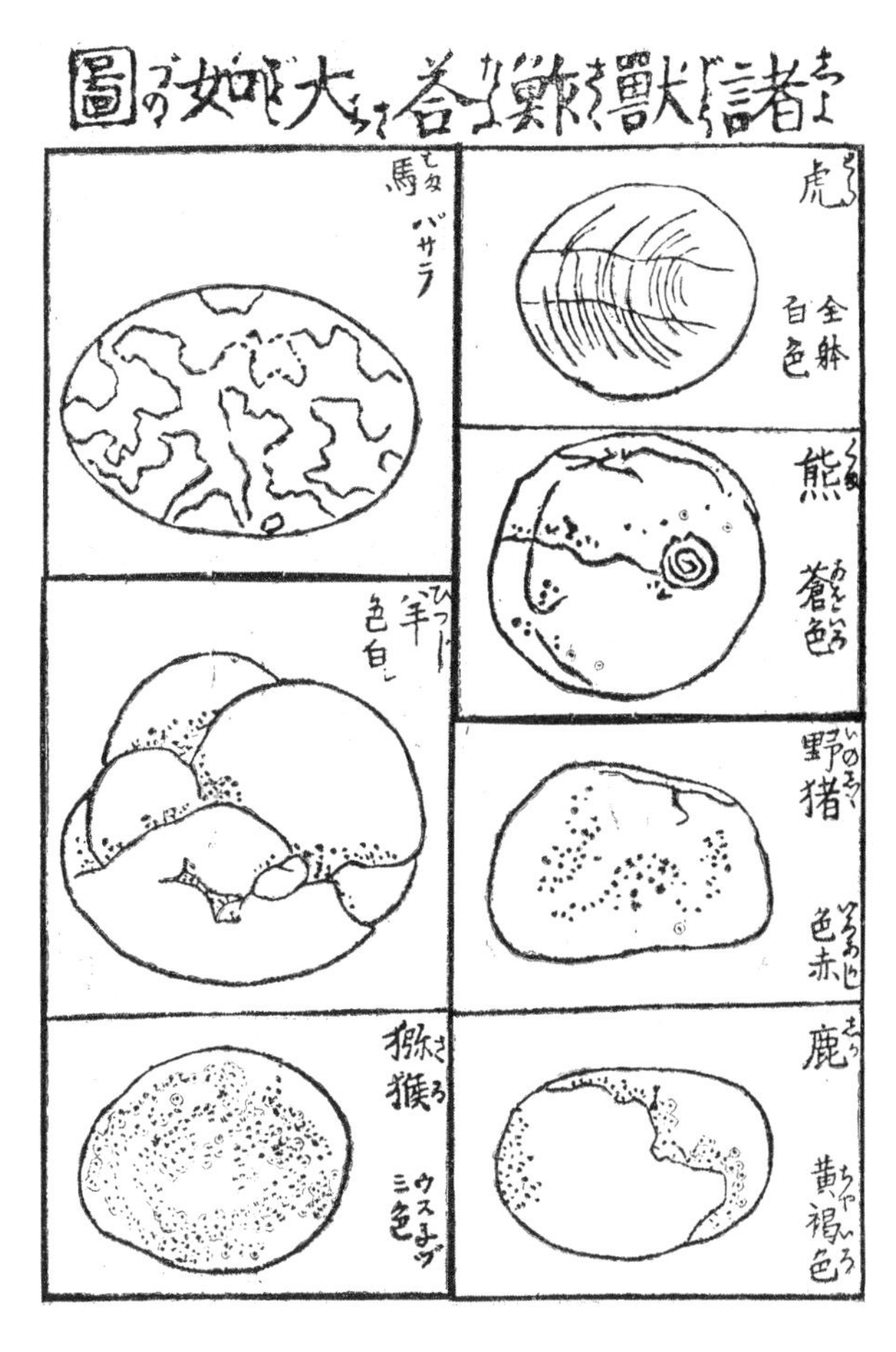

いろいろな鮓答〈『日本古典全集　雲根志』日本古典全集刊行会より〉

書院には「石談より他雑話を禁ず」という札を掲げていたらしい。奇人を一目見るためか石を見るためかはさだかでないが、全国から多くの人が詰めかけて列をなしていたことが記されている。

石亭の人生から石を引けば、おそらく何ひとつ残らなかったにちがいない。一七二四年、現在の大津市に生まれ、十一歳のときに奇石に開眼した。物産学をおさめるかたわら平賀源内(ひらがげんない)らと交流を深め、自ら石を求めて全国を行脚(あんぎゃ)した。三十歳を越えるころには、石のコレクションは二千点にのぼっている。満足な交通機関もない三百年も前、鉱物の何たるかも知られていなかった当時のことを思えば、この収集数は驚くにあたいする。石亭は個人的収集に飽き足らず、数百人の会員を擁(よう)する「奇石会」を結成、主宰して「弄石(ろうせき)」趣味を広めることに力を尽くした。五十歳の年、収集した奇石の産地や形状、諸々のエピソードをまとめた本を刊行する。これが日本史上初めての石の専門書『雲根志』である。その後、石に関わる十数冊の本を続々と執筆し、弄石のブームを巻きおこした。

石亭は、生涯、弄石に徹し「石よりほかに楽しみはなし」と言った。八十四歳で世を去ったとき、友人は墓碑に「君が石にそそいだ情熱を思えば、人に成し得ないことなど何ひとつないにちがいありません」という意の漢文を刻んだ。

石ぐるいに半端(はんぱ)でない憑(つ)かれかたをしている人が多いのは、たぶんに石の性質によるところが大きいように思われる。あるいは石には独占欲の強い恋人のようなところがあって、すべてを捧げられないなら、いっそさっさと荷物をまとめて去ってしまおうという薄情な面があるのにちがいない。

いったい石の何が惹きつけていたのかについては、石亭は明瞭に記していない。私は何人かの石ぐるいたちに同じ問いを投げてみたことがある。誰もが長いあいだ考え込み、ほそぼそと言葉少なに語られた答は、きわめて漠然としたものだった。「美しいから」「永遠だから」「同じものがひとつもないから」……。どの答もあとから思いついた言いわけのように聞こえるのだった。

石にのめりこむことには、おそらく、理由などないのだ。それはまるで道を歩いていて、突然、穴に落ちたようなものだった。気がつけば、彼らは穴の中に転がっていたのだ。穴は深く、まるで底なしのように思われたが、その暗闇には見たこともない無数の光が散らばっていた。

思えば、石にのめり込む訳について、とりつくしまもなく「わかりません」と言った中野知行氏は、まったくもって正しかった。

石に踊る

❖初めてのトパーズ

小林進さんが「穴に落ちた」のは、三十一歳のときだった。

一九七六年の冬、本屋で一冊の文庫本が目にとまった。益富寿之助著の『鉱物』。表紙の水晶の写真に、ふと懐かしいものを見た気がした。小学校四、五年のころ、大文字山でびっしりと米粒がはりついたような水晶を見つけてきたことがある。家のそばには鉱物をあつかう老舗の大江理工社があり、近所の悪童どもと裏の板塀の穴から手を突っこんで黄鉄鉱や蛍石のかけらをこっそり頂戴したこともあった。いっときは菓子箱のなかに綿を敷いて鉱物を並べていたが、いつのまにか切手や古銭集めに走り、ぱたりと忘れてしまった。

その本をぱらぱらめくると、日本の産地がずらりと書かれてあった。山梨県金峰山、岐阜県蛭川（ひるかわ）、岡山県美袋（みなぎ）……。近いところでは滋賀の田上山（たなかみ）からトパーズやアクアマリンがでるとある。日本で宝石が採れるとは驚きだった。田上ならすぐそこではないか。彼はさっそく本を買いもとめ、その週の日曜日にオートバイを駆って田上鉱物博物館を訪ねた。設立者・故中司稔（なかつかさみのる）氏の夫人の説明によると、もうここでは絶産になっており、そもそも突然やってきた初心者が鉱物を採集するなど無理な話だということだった。

小林さんは、年間五十日を目標に、仕事のない日をすべてつぶして田上に通うことを心に決めた。あっさりあきらめなかったことに、たいした理由があったわけではない。大文字山を歩きまわった子どものころと同じく、探せば見つかるだろうという楽観的な気持ちだった。鉱物の知識といえば、買ったばかりの文庫本だけである。「無鉄砲」とはこのことにちがいない。しかし、まったくのあてずっぽうでいきなり獲物に当たってしまった。

あれは八月十五日ですわ。田上の崖のとこで、子どもといっしょに休憩しながら双眼鏡をのぞいとったんです。パラパラッと白いもんが、向こうの斜面を転がっていくのが見えた。「お前、待っとけよ」と子どもに言って、ひとりで崖を降りました。転石が見えたあたりの地面を棒で突いたら、ポコッと穴が開いたんですわ。それが初めて当たった晶洞（しょうどう）。これが水晶の巣かな、と手を突っこんだらまっ黒けの石が採れた。軍手で拭いているうちに、だんだん透きとおってきたんです。「何やろね」と子どもに言ったら「トパーズや」と言う。まさか、と思て下の谷川で洗たら、ほんまにね、無色透明のきれいな石なんですわ。

それをいくつかもって帰って、ドロップの缶に入れてね。誰かに見てほしいけど、そのころは日本地学研究会にも入ってないし。ああいうとこは偉い先生ばっかりで、素人の私なんか無理やと思てましたからね。それで困って大江理工社さんにもって行ったんです。何か買うふりして見せたら見てくれるかなと。そしたら「トパーズやないの！」と大騒ぎされて。トパーズいうたら黄色を思い浮かべますけど、日本産はほとんどが無色透明なんですね。

これやったら何ぼでも採れるぞ、と真夏の暑いさなか、狂ったように田上に通いました。あのころは子どもが小さかったですから、日曜日の朝から出にくいんです。嫁はんの手前ね。子どもほったらかしにして、どろどろになって帰ってくるでしょ。「明日行くの？」「いや行かへん」言いながら、まだ暗いうちにそーっと布団をぬけだすんですわ。そしたら嫁はんがガッと足つかんで「どこ行くの」と。よう喧嘩もしました。だから、いつでも下の坊主だけオートバイに乗せて出るんですわ。坊主には子ども向きの石の図鑑を買うてやってね。

なんせお金がないですからね。一番いいお弁当は、ビニール袋の小さいのに手を入れて、おひつのなかのご飯をつかむんです。漬物屋さんの要領でね。そこにゆうべの残りもののおかずをばらまいて、もむんです。するとこんな大きなおにぎりができる。それを二個ほどもってよう出かけました。

僕が行くのは花崗岩の禿げ山ですから、夏なんか雷鳴ったら、ほんま怖いです。ガマ（晶洞）をあける鉄の棒をもってるでしょ。時計やら、チャックやら、みな危ないでしょ。もってるもん全部ほかしてね。百メートルも離れてない尾根にバンッと落ちたこともあります。

自分の掘った小さい穴のなかに入って弁当食べてるとね、突然、ザーッと降ってくる。禿げ山やから、逃げるとこないんです。合羽着て隠すように弁当もってね、そしたら横からダーッと雨が入ってくる。お茶漬けやなくて、雨漬けですわ。風が強いときなんかは目あけられんくらい、砂漠みたいに砂が飛ぶんです。食べてるご飯がジャリジャリになってね（笑）。

❖手づくりの指輪

トパーズは、長いこと採れませんでした。長いこと。最初のはまぐれで、やっぱり文献どおりには採れないもんやとわかってきたんです。お師匠さんもないし、晶洞はペグマタイトにあると本に書いてあっても、ペグマタイトの実物わからへんしね。もうやみくもですよ。結局、次に採れたのは三年後でした。二月か三月か、田上山に雪がばーっと降っててね、あたり一面まっ白ですわ。見つけたときは、涙がぽろぽろでました。掘りだしたトパーズをこないして頭の上にもってね、雪のなかで舞い舞いこんこんしました。誰かが見てたら気がふれたと思われたんちがいますか（笑）。

トパーズは、なんかしらんけど胸があつうなる石なんですわ。比重が水晶は二・四に対して、三・五くらい。重いんです。慣れてくると、手にもっただけでわかりますよ。この重さがね、なんともいえんのです。

おもしろいもので、重いから、よく川の泥や岩のあいだにはさまってしまうんです。流れないんです。僕は小さいスコップやクマデで川底の岩の割れ目とかを探ることがありますよ。川のカーブや流れを見て、いろいろ作戦練るんです。こういうトパーズや水晶という石は、ぜったい泥がつかへんね。他の石は思いきり擦らんとわからんくらいになってるのに、トパーズはきれいな姿のままであがってきます。

川で見つけたのを指輪にしてもらって、家内に贈ったことがあるんです。旦那が掘ってきた宝石を指にはめてる奥さんはそんなにいないと思いますけど（笑）。カットを頼むのに宝石屋にもって行って「このトパーズ、自分で採ったんです」と言ったら「そんなもん日本で採れるわけないでしょ。水晶ですよ」と笑われました。宝石屋さんでも知らないんですね。日本では宝石は採れないと誰でもいいますが、採れるんですよ。みんな日本にある石いうたら、ブルドーザーで掘り起こしたような石だけやと思ってるんです。

❖自形（じけい）、他形（たけい）

小林さんの標本箱には、ずしりとした七センチのトパーズ、ミルクを流したような水色の天河石、バター飴（あめ）そっくりの微斜長石（びしゃちょうせき）、何千本もの針を束ねたような電気石などが整然と並んでいる。「長さ三十センチ、重さ五キロの煙水晶（けむりすいしょう）もあるんです。見せましょか？」。まるで楽屋から人形を繰りだしてくる人形遣いのように、隣の部屋からつぎつぎと自慢の石を運んでくる。さだめし、私は観客である。

「この煙水晶は、黒平（くろべら）で採ったもんです。ほらポツポツと黒いしみが見えるでしょ。ジルコンとか放射性鉱物が入ってて、それで灼（や）けて黒くなるんですわ」

彼の、主なフィールドは田上山だが、山梨の黒平、滋賀のマキノ、岡山の美袋（みなぎ）など、美晶鉱物が潜みそうなところならどこへでもでかけていく。

小林さんがこの二十年間探し続けてきたのは花崗岩（かこうがん）ペグマタイトの晶洞（しょうどう）だ。ペグマタイトは花崗岩中に多く見られ、通常に比べて結晶の粒が粗い外見でそれとわかる。晶洞はこのペグマタイト中に存在する空洞のことで、鉱山用語で別名「カマ」あるいは「ガマ」と呼ばれ、しばしば美晶鉱物の隠れ家となる。

マグマが地中深くでゆっくりと冷えて固まり岩石になるとき、水分やガス、珍しい成分を豊富に含んだ部分が最後に残る。この残りもののマグマが固まると粗い結晶のペグマタイトを形成し、場合によってはガスが空洞となって晶洞をかたちづくり、なかに溜まった濃縮マグマからさまざまの美しい結晶が生まれる。小林さんによると、花崗岩ペグマタイトが創出する鉱物の「三点セット」は、水晶、トパーズ、長石であるらしい。

ここで、石、岩石、鉱物という三つの用語について少し触れておこう。石という語は、石垣、石臼、石蹴（いしけり）、小石といった具体的な言葉から、石頭、石神（いしがみ）など抽象的な言葉にいたるまで広く使われており、「石の上にも三年」「石にかじりついても」などの表現にも登場する包括的な概念である。しかし現物を対象にする学問の世界では、漠然とした石という言葉は、ほとんど何も意味しないにひとしい。学者の頭のなかには、岩石と鉱物はあっても石は存在しないのである。

さて、岩石と鉱物はどう違うか。小林さんを夢中にさせた本『鉱物』のなかで、益富寿之助（ますとみかずのすけ）氏はこう書いている。

「岩石と鉱物はこれを人間にたとえてみると、〝群衆と個人〟との関係によく似ている。岩石は何の秩序もなく集まっている群衆のようなものである。これに対して、鉱物はただ一人ポツンといる人間のようなものである。しかし群衆に当たる岩石も、個人に当たる個々の鉱物の集まりにすぎないのである」

つまるところは同じものなのだが、単独でいるために鉱物ならではの特異性がでてくる。再び益富氏の説明を聞こう。

「岩石はラッシュ時の車内のように多数の乗客が寿司詰めとなり、身動きひとつできず、個人の意思も行動も無視されている。ところが鉱物の場合は、今日は日曜日、朝もおそく起き丹前(たんぜん)姿で茶の間でゆっくり新聞でも見られるといったぐあいの、自己本然の姿にある状態である」

明治生まれの人らしい描写であるものの、なんとも魅力(みりょく)的な説明である。

この「茶の間でゆっくり」という状態は、鉱物は鉱物でも自形したものを指していると思われる。

「ある鉱物が自身本来の結晶形を示しているものを〝自形〟と呼び、隣の結晶に邪魔されたり、隣同志（ママ）で邪魔しあって自形のとれないものを〝他形〟と呼んでいる。岩石中の鉱物は、まだ他のものが融けているうちに、早く結晶したものは自形をするが、おそく結晶したものは自形をつくる余地がなく、そのすきまをうずめることとなるので、おのずと他形とならざるを得ない」

晶洞中の鉱物が総じて美しい結晶形を保っているのは、自由な空間でのびのびと成長しためである。小林さんは、美晶鉱物を探して歩く。知り合いの鍛冶屋（かじや）に頼んでつくってもらった晶洞を破るための鉄の棒は、長さ一メートル二十センチ、先端にコンクリート釘（くぎ）がついている。装備は、はきふるしたズボンにゴム長。リュックのなかにはスコップと軍手、必要に応じてザイルとヘルメットを携行する。

❖鳥になりたい

石が河原町（かわらまち）（京都の繁華街）あたりで採れたらどんなにええやろと思いますよ。山に入ったら、どんなに辛（つろ）うて、苦しいか。淋しゅうて、怖いか。

僕（ぼく）の「スズキ・ポルシェ550」ていうんですけど、アルトですわ。これに所帯道具一式積んで、山梨あたりやったら夜中ひた走りに走って徹夜のまま山に登って、五日も六日も野宿するでしょ。日が落ちると心細うてね、すぐにテントに入ってしまうんです。ラジオをかけて、家のなかにテント張ってるような想像をするんです。朝起きたら、降ったばかりの雪のうえにクマの足跡が点々とついてたりね。大声あげてへっぴり腰で歩き始めます。それでも採集行くときは、ひとりが好きですけど。だってひとりは、僕だけでみんな独り占めできますもん。

花崗岩（かこうがん）の山はどんどん風化して下に堆積（たいせき）していくでしょ。とてもじゃないけどそんなとこじゃ探しようがない。ということは、斜面の急峻（きゅうしゅん）な、山の上のほうでしか見つからんのです。だからヘルメットとザイルを使う。僕らの仲間も三人ほど死んでます。落石と滑落（かつらく）で。採集は、欲しいという気持ちとの戦いなんです。滋賀県のマキノで、水晶（すいしょう）見えてるのにやめてるとこあるんです。もうあとちょっと登れば採れるんですよ。でも登るのは登っても、降りれないんですわ。崖にぶらさがってる状態でしょ。足がすくんでね。

だから僕は、山登るときいちばん欲しいもんは「ドラえもんのタケコプター」ですわ。あれは欲しいねー。もう目と鼻の先に見えてるのよ。それでもいったん谷を降りて登らないかん。鳥なんかパッパパッパパッと何回か羽を動かしたら向こうに着きよるんですわ。羨ましいねぇ。僕は次生まれるとしたら、鳥になりたいですわ。

❖アラジンのランプ

小林さんは、この二十年間で三十足のゴム長と五百組の軍手を消費した。岩場ばかりを歩きまわるため、高価な登山靴もあっというまに穴があく。谷川を渡ると靴のなかでチャプチャプと水が揺れる。それではいっそ、と一足六百円のゴム長に切り換えた。鳥でないのは辛いことだ。

晶洞はね、まず花崗岩のゴマ粒が粗いとこを探すんです。それがペグマタイト。石切場やったら岩の断面はすぐわかりますけど、たいていは風化して上に砂かぶってますから簡単には見えない。ところが僕の推論でいくと、ペグマタイトは粗いですから、また、なかに空洞があって氷や雨で風化しやすいですから、そういう部分がつぶれてくる。するとね、砂だらけの斜面でも大きなかけらが落ちていたりする。そういうの見つけると、あ、長石やな、石英やなと思たら、僕は小枝をひろてね、地面に、落ちてた場所に刺していくんです。するとね、ちょっと離れて見ると、だいたいこういう富士山形になっていきますわ。あるときプスッと転石がなくなるところ、富士山のてっぺんがある。よし、これより上ではない、これより下ではない、とわかる。そこをスコップでガーッとのけると、石切場で見るようなスカッとした模様がでてきます。ペグマタイトの模様。それは帯のように延々と続いていたり、ポコッとはめこんだような丸いのもある。ガマがでる確率が高いのは、丸いもんです。

で、そこを鉄の棒で掘っていく。「おまえ、どこにおるんや?」「おれんとこ来たら大事にしたるで」とガマにしゃべりかけながら掘るんでね、たまに友人やらと連れ立って行くと、そばにいる人が気持ち悪がります。ほとんどの場合、風化してますからタガネとハンマーで火がでるほどたたかんでも、鉄の棒だけでざくざくとつぶれていきます。いちばん深い穴で二メートルくらい掘りました。ちょうど煙突の中に入ったような感じで、風が通るとフーッと音がしますわ。一升瓶を鳴らすような。自分が動けるだけの小さい穴でしょ。そこに上半身を突っこんで、外から見たら足だけだしてる状態ですわ。

慣れてくると、ガマまでのいちばんの近道がわかってきます。ペグマタイトのかけらを見ても近いな、離れたなとわかるし、何より掘ってると音が変わってきよるんです。カンカン、ガリガリという固い音が、近づくにつれて太鼓をたたくようなボンボンという音に変わってくる。そしたらブスッと開きます。

ガマのなかをのぞくとね、そりゃきれいなもんですわ。キラキラ光った水晶が入っててんのや、ベタッとした粘土が詰まっててんのや。粘土の色見ると、胸がどきどきしますよ。黒、赤、緑、いろいろあるんです。この色でだいたい、なかの結晶が想像つくんですわ。

トパーズは空色や鶯色のことが多い。粘土が空色なら、九割方トパーズがでます。
石やってていちばんの感動は、やっぱりガマを開けたときやねぇ。開いた時点でちょっとだけ見てしもてから、ガマの前にすわって悠然と煙草を吸うんです。そのときの煙草のおいしさ（笑）、たまりませんなあ。どうして攻めたろかなと思てね。兎や鳥やと違て逃げへんでしょ。人がぞろぞろ通るとこやないし、全部自分のもんでしょ。ひょっとしてこんなきれいな鉱物がついてんのとちがうか、とか想像するのがまた、なんともいえんのですわ。

僕、思うんですけどね。田上山はできてから八千万年といいますね。僕が採る結晶は、そのときすでにできとったやつですわね。山が冷たくなったら、石は成長しないんですもの。山がまだ熱いときにマグマが下からあがってくる。グーッともちあがってしもたら普賢岳みたいになるけれども、上が重すぎてやめとこかという溶岩がありますやん。そういうやつはブスブスブスブス不満たらたら言いながら頭押さえられて冷えよるんですわ。空気に触れへんから冷えるのに時間がかかるんです。魔法瓶の中のような状態が起こるんです。その状態が長いこと続くと、結晶が大きくなる。だから、不満をいっぱいためとったやつ、我慢して我慢しよったやつがいちばんきれいな結晶になるんですわ。

ひとつひとつの石にね、ちゃんと歴史があるんですよ。透明の水晶に白い縞模様が何重にも入ってるファントムクォーツがあるでしょ。あれは、木の年輪といっしょですわ。たとえばこれだってね、最初にこの水晶ができあがったんです。あとから事情があって、ガタガタ造山運動とかが起こって、この紫の水晶が上に重なった。だからね、ほらドラえもんがだしてくるいろんな道具あるでしょ、あのしゃべる道具を石につけたら、きっとしゃべると思いますよ。これやったら「わしはひとりのままがよかったのに、こんなんが上に乗りつきやがって重いんや」とかね。

　バンッと、ガマを開けるでしょ。一億年ずっとまっ暗ななかにいて初めて会った人間が、私ですわ。この煙水晶（けむりすいしょう）を、奥マキノの「妙（みょう）のハゲ」でガマから取りだしたのは、真夏でした。こうやって軍手でもってお日さんにかざすと、まぶしいんですわ。目が細うなるわね。すると、こういう結晶のへこんだところが、人の顔に見えることがあるんです。あ、いま笑（わろ）てくれたんちがうかな、と思うことが。ほら「アラジンのランプ」ってありますやん。蓋（ふた）を開けたらドロドロンと巨人がでてきて、「おまえの言うこと三つ聞いてやろう」というような（笑）。そんな感じがすることがありますわ。

　笑ったように見えるのは、きっとこの石はね、僕に掘りだしてくれてありがとう、と。ふつうやったらコロコロ転がって煤（すす）けてしもて、また大陸のプレートの中にもぐりこんでしまうのに、そのつぶされる前のひととき、まばたきするほどのあいだやけど、こうやっ思うんです。

て人に見てもらって、美しい美しいと言うてもらえる。石はきっと喜んでるんやないかと

❖雲母（うんも）の河

前ね、一メートルほどのガマから九十キロ近い水晶（すいしょう）や長石（ちょうせき）が採れたことあるんです。これ

気が遠くなりましたよ。ガマのなかは、結晶と結晶がこうひしめきおうてるでしょ。これ

を採ろうと思ったら横のやつ割らんといかんでしょ。涙がでますわ。胸のへんがあつうあ

つうなるんですわ。かわいそうやなと思てね。せっかく眠りを覚まして日の光を浴びたと

こやのに、なんでいきなりわしが割るねんや、てね。できることなら晶洞（しょうどう）ごとゴボッと

もって帰りたいですよ。

山から帰ってくるとね、家内が玄関から部屋までずーっと新聞敷くんです。どろどろに

なって帰ってくるでしょ。僕の歩くあとに雲母の粉が落ちてね、暗い家のなかでキラキラ

光るんです。天の河が地面にできたような感じでね、きれいなもんです。ガマのなかに

は、雲母の多いのがあるんですよ。

それからいそいそと風呂に入る。あの狭い湯船につかってね、水だしながら歯ブラシで

石を洗うんですわ。帰ってきたらすぐに見たい。でも、冬なんか水使うの寒いでしょ。だ

から風呂にどっかり腰を据えて、一時間くらいはあがらんのですわ。頭がボーッとしますよ。いっぺん風呂釜に穴があいて修理にきてもらったら、かまの横にどっさり土が詰まってた。「おたく、何してはったんですか」と不審がられたことありますわ。
なんぼたくさん採っても、ええなーと思うのは数点しかないんです。そういうのを湯につけて眺めたり、湯船にちょこんと置いてみたりね。晩は晩で、こうして握って寝るんです。ふーっと意識が遠くなるでしょ。嫁はんが「またっ」と取りあげてみたら、石があつうあつうなっとるんです。

小林さんは、買った石には興味が湧かないという。いままで義理で店から買ったこともあるが、そんな石はたいてい押入れのどこかで行方不明になってしまった。世界最大といわれるアメリカのツーソン・ミネラルショーに行きませんか、と言うと、そんな金があれば山に行きたい、とにべもなく断られた。

自分が採った石はね、ひとつひとつに思い出が詰まっとります。仕事で落ち込んだり、家のなかでごたごたがあったり、失業したり……。自分の石見てるとね、日記つけてないけど、ついとるんです。この石はどこでどないして採ったか、そのときの自分の気持ちも、みんな覚えとります。

宝石屋の石を見ると、ちょっと淋しい気がするね。完全に加工してあって、僕らにはガラスか何かわからへんもん。見た目では同じのがいっぱいある。僕らが採った石は、世界中に一個しかない。この形してこの色いうのは。

二十年もようこんなことやってきたなと思いますよ。でもね、この美しさがなんともいえんのですわ。この美しさがねぇ。

これはね、腐らへんのですわ。いつまでもなんの手入れもしなくても、九十九パーセントの石は、僕がもってるあいだなら原形を保っていてくれる。美は衰えやすい、といいますけど、違うんです。永遠不滅の不老長寿。そんな気がしますわ。人間の永遠に生きたい、という気持ちとつながっているのかもしれませんね。

そしてこの幾何学的なかたち。自然の造形物のなかで、こんなに直線が強調されるもの少ないんやないかと思いますね。僕は、グチャグチャとした粘土のような石が嫌いです。直線のある石、透明度のある石に惹かれるんです。

透明な煙水晶

ペグマタイト晶洞

光沢の強い束針状結晶集合体の電気石

〈いずれも小林進「山梨県甲府市黒平の天河石」『地学研究』38（10–12），1989より〉

石に語らせる

❖石だけがわかる？

「土は閉ざされた目のようだ。母なる大地は死んでいない、ただ眠っているだけ。薄いまぶたをこじあけて、中に水晶（すいしょう）のような知性を見つけなさい。光り輝く恒星のような美しさ。水晶は岩の内側に精緻（せいち）な幾何学（きかがく）的花を咲かせる。大きくなり、広がる。結晶体の面を、石さえもわかる（もしかすると石だけがわかる）完全な幾何学のとおりに、細心綿密に一枚一枚重ねながら」

二十九歳でピュリッツアー賞を受けた作家アニー・ディラードは、自分の子ども時代をふり返った『アメリカン・チャイルドフッド』のなかで、晶洞（しょうどう）の神秘についてこんな文章を書いている。彼女は子どものころ、ひょんなことから、ひとり暮らしの老人が死ぬ前に残したという石のコレクションをそっくりゆずり受けた。重晶石の薔薇や、星のような苔瑪瑙、金色に輝く黄銅鉱、黒曜石やホルンフェルスの塊……一見なんの脈絡もないコレクションだったが、多感な少女は一夜にして石の魅力に引きこまれる。膨大な本を読破しながらひとつひとつの石の名前を突きとめた彼女は、手もちのコレクションに飽き足らず、石の蒐集に全力を傾けるようになる。

「私はすっかり夢中だった。ハンマーを持って、右に左にあたり一面、砕きまくって歩かんばかりだった。ピニャータ（メキシコや中米の派手に飾り立てた陶器の壺）のような土の塊を砕き、その中にある宝物のご褒美を目の前に広げて見せようと張り切っていた。石集めをするために、山を切り開こうとしていた。それはまるで、どきどきするような夢のかけらを探すために、私自身の何もないまっ暗な内面を旅するようなものだった。青い湖、魔女、灯台、黄色い小道があった。薄汚れた脇道でところかまわずほじくり返し、古い古いコインを見つけるようなものだった。みかけどおりのものはなにもなかった」

❖石が私か、私が石か

心理学者のC・G・ユングは、石を通じて、自分自身のまっ暗な内面を旅したひとりだった。彼と石との深いきずなは、幼年時代に始まっている。

七歳から九歳のころ、ユングは火遊びが好きだった。家の庭に大きな石片でつくられた古い壁があり、その隙間はおもしろい洞穴になっていた。ユングは友人たちに木々を集めさせ、自分はつきっきりで火の番をした。それは永久に燃えなければならない神聖な火であり、彼以外の何者も火を守ることは許されないのだった。

洞穴の壁の前に坂道があり、そこに一個の石が埋まっていた。ユングはしばしばこの石の上にすわり、ひとりぼんやりすることがあった。すると不思議なことに、いつもおかしなもの思いが浮かんできた。「私は石の上にすわっている。石は私の下にある」。同時に次のようにも感じられた。「私は坂道に横たわり、ひとりの男の子が私の上にすわっている」。ユングはいつも、石が私か私が石かがわからなくなり、結局、いったい自分は誰なのか？　と自問しながら立ちあがるのだった。自伝のなかで、彼は告白している。

「私はあの瞬間を決して忘れてはいない。というのは、それが、電光のひらめきの中で私の子どものころの永遠の性質に光をなげかけたからである」

この石は、ユングが呼ぶところの「私の石」となった。ギムナジウムに通うようになってからも、気もちが塞いでいるときはしばしばこの石に腰かけ、もの思いにふけった。

「私の石の上に坐ると、奇妙にも安心し、気持が鎮まった。ともかく、そうすると私のあらゆる疑念が晴れたのである。自分が石だと考えた時はいつでも、葛藤は止んだ。〝石は不確かさも、意志を伝えようという強い衝動も持っていず、しかも数千年にわたって永久に全く同じものである〟が、〝一方私はといえば、すばやく燃え上り、その後急速に消え失せていく炎のように、突然あらゆる種類の情動をどっと爆発させるつかのまの現われにすぎない〟のだった。私が私の情動の総体であるにすぎないのに対し、私の中に存する他人は、永久・不滅の石だったのである」

幼年時代におけるユングと石の結びつきは、十歳のころ始めた奇妙な習慣によってますます強いものになっていった。ライン川から採ってきたすべすべの長い楕円の石ころを上半分と下半分に絵具で塗り分け、ズボンのポケットに入れて始終もち歩いた。同時に、定規を刻んで黒いフロックコートを着た人形をつくり、筆箱のなかに収めて、それを屋根裏部屋に隠した。石は、人形のものだった。困難にでくわしたり辛いことがあると、彼は屋根裏部屋にこっそり上り、人形と石とを眺めた。秘密の言葉を書いた巻紙を人形の箱に入れることもあった。

「新しい巻紙を加えていくのは、厳粛な儀式的行為の性格を帯びていた。不幸にも私は何を人形に伝えたかったのかよく覚えていない。ただ私の手紙が人形にとって一種の図書館となっていたことがわかっているだけである。確かにはいえないが、手紙は私を格別に喜ばせた格言からなっていたのではないかと思う」

石と人形の儀式はおよそ一年続けられた。この間、ユングの生活の安全はひとえにこの秘密によって支えられていたと書いている。

「私は私が表現しようとしているものがいったい何なのか知らなかった。私はいつも私に手がかりを与えた秘密がどこにあり、また何なのかを教えてくれる何かを、多分現存していると思われるが、見つけ出せればいいのにと思っていた。そのころに私の植物や動物や石への興味が生じたのである。私はたえず何か神秘的なものを見張っていた」

学童時代のユングは、手に入るかぎりの鉱物を集めた。近くの山々からジュラ紀の化石を、ライン地方の砂礫層(されきそう)の穴からマンモスの骨を、クラインヒューニンゲン近くの墓から人間の骨を見つけだしてきたりもした。惹(ひ)きつけてやまなかった自然の事物の魅力を、のちにユングは「神」という言葉を使って表現している。

「〝神の世界〟の地上のあらわれは、それからの一種の直接的なコミュニケーションとしての植物界から始まった。それはまるで、観察されずに自己を省みながら玩具(がんぐ)や装飾物を作っている造物主と肩を並べているかのようであった。人間および本来の動物は、他方、すでに独立してしまっている神の小片であった。それが、彼らが独力で動きまわり居所を選ぶことのできる理由であった。植物は善(よ)かれ悪しかれその場所にしばられていた。植物は自らの意志をもたず、また逸脱することもなしに神の世界の美しさや思想を表現していた。(中略)しかし石の中には宇宙の限りのなさ、有意味なものと無意味なものとの混乱、および非人格的な目的と機械的な規則との混乱などが隠されていた。石は存在の底知れぬ神秘さ、つまり霊の具現を含んでおり、同時にそれそのものであった。私が石と自分との類似だとかすかに感じていたものは、死んだもの、生命のあるものの双方における神性だったのである」

❖集合的無意識

三十五歳になった年、心理学者として著作活動にとりくんでいた彼は、偶然読んだ本のなかにアルレスハイムの近くの〝魂の石〟の隠し場やオーストラリアのチューリンガ（呪具。石で作られることが多い）についての記述を見いだした。そのとき、まったく忘れていた子どものころの秘密、石と人形についての記憶が突然よみがえった。

「私はかつて一度も複製をみたことはなかったけれども、私がそのような石の全く明らかなイメージをもっていることを不意に発見したのである。それは長楕円形（ちょうだえんけい）で黒っぽく、上半分と下半分に塗り分けられていた。このイメージは筆箱と人形のイメージといっしょになった。人形は小さなマントを着た古代世界の神であり、アスクレピオスの記念碑の上に立って、彼に巻物を読んできかせるテレスホロスだった。この回想に伴って、伝統的な直接の道すじを通らずに個々人の心に入ってきている原始的な心の構成要素があるのだという確信がはじめて私の中に生じてきたのである」

何の知識ももたない子どものユングが、古代人と同じ方法で石を取り扱っていた。人の心のなかには、生まれながらにもち運んでいる「原始的な心の構成要素」があるのではないか。この直感は、ユングの思想を決定する鍵となった。

二年後、ユングはフロイトと訣別し、新たな視点から人間の無意識を掘り下げていくことになる。

ユングは、ひとりひとりのなかに潜んでいる「原始的な心の構成要素」を「集合的無意識」と名づけた。人が生まれたときは集合的無意識だけを携えており、成長する過程で、あたかも大海の小島のように忽然と自我があらわれてくる。いわば生まれたばかりの赤ん坊は、茫々とした大海原のようなものだ。

集合的無意識とは人類が長い歴史を通じて体験した心的内容が遺伝子のなかに組みこまれ受け継がれたもので、とくに典型的、感動的な体験が結晶化したものを、ユングは「元型」と名づけた。

元型とは、いわばイメージの内在的パターンであり、元型にマッチした状況が起こると無意識は活性化し、想像力や創作の原動力となると同時に、ときには衝動的、強迫的な性格を伴って妄想や病的な葛藤を引き起こす。

元型は理性や意志の力の及ばないところで生きて活動しており人の行動を操っている。夢と能動的想像は元型の宝庫であり、これを直視し自分のものとして体験していくことを通じて「個体化の道」と呼ぶところの心の変容過程が可能になるとユングは説いた。

現代人は原始の時代をとうに卒業したと思っているが、人は過去を断ち切るのではなく過去とのつながりを回復し永遠なるものを認識しなければいけない。ユングは元型的なるものを「内なる他者」「内なる先祖」と名づけて、人の内的な平安と満足はこれらといかに調和できるかにかかっていると書いている。

❖ユングのなかの他人

フロイトと訣別したあと、ユングは激しい方向喪失感に襲われた。極彩色の生と死が氾濫する恐ろしい夢と幻覚が堰を切ったように襲い圧倒した。彼は、精神病の兆候ではないかと本気で疑い、自分の人生の細部を過去に遡って調べることを二度までしている。

「私の心の中の〝地下〟において動いている空想を把握するためには、私は、いわば、その中に自分を沈めてしまわねばならないことも知っていた。私はそれについての強い抵抗を感じるのみならず、はっきりとした怖れをも感じていた。というのは、私は自分自身に対する支配力を失い、空想のえじきになることをおそれていた。そして、精神科医として、それが何を意味するものであるかをあまりにもよく知っていたからである。しかし、長い間ちゅうちょした後に、私は他に道のないことを見てとった」

無意識との対決が始まった。ユングの人生に最大の恐怖と実りをもたらした嵐は、まる五年間吹き荒れた。このあいだ彼を支えていたものは、自分がこの危険な仕事を遂行できないのなら、とうてい医師として患者を手助けすることもできない、という認識だった。

「私は不断の緊張状態の中に生きていた。しばしば私は巨大な岩が私の上におちてくるかのような感じをもった。雷雨がたえまなくおそってきた。この嵐に私が耐えぬけるかどうかは、動物的とでもいうべき力の問題であった。他の人たち――ニーチェ、ヘルダーリンや多くの人たち――は、これに打ちくだかれてしまったのだ。(中略)無意識のこれらの襲撃に耐えてゆくとき、私は私よりももっと高い意志の力に従いつつあるのだという確固たる信念をもち、そのような感情は、私がその仕事を仕遂げるまで私を支え続けてくれたのであった」

ユングが体験していた夢や幻像のなかで、石は象徴的役割を担うかのように繰り返し現れてくる。一九一三年十二月十二日、机に向かってうとうとしていたとき……という説明とともに、たとえばこんな幻覚が語られる。

「私の前には暗い洞窟の入口があり、そこにはミイラにされた皮のような皮膚をした小人が一人立っていた。私は彼とすれちがって、狭い入口にもぐり込んだ。そして、膝までの深さの冷たい水の中を渡って、洞窟のむこうの出口に出た。そこには、突き出て岩の上に輝いている赤い水晶があった。私はそれをつかみ、もちあげるとその下に穴があるのを発見した。はじめ私には何も解らなかったが、そこには水が流れているのが見えた。そこには死体が浮かんでいた。ブロンドの髪で頭に傷のある若者であった。それに続いて巨大なエジプトの黒い甲虫が流れて来、深い水の中から続いて新しく生れた赤い太陽が昇ってきた。光でまぶしくなって、私は水晶をもとにもどそうとしたが、そのとき流れが湧き出てきた。それは血であった。血の濃い噴射がとびはね、私は胸が悪くなった。血の噴出は耐え難いほど長い間続いたように思われた」

ユングは、こうしたすべての幻覚、夢、空想を「黒の書」と名づけたノートに克明に記録し、それをさらに「赤の書」に整理し絵をつけ加える一方で、激情と消耗を調整するためにヨガを行ない、子どものころの思い出のなかから浮かびあがってきた建築遊びを始めた。石ころを積みあげて小屋や城を建てるのである。ユングは毎日のように湖に出かけ、湖岸から適当な石を拾い集めて、ひとつの村をつくることに専念した。食事と睡眠、患者を診(み)るわずかの時間を除いて、くる日もくる日も石ころを触り続けていた。この作業には、気持ちを鎮(しず)め、同時に新たな空想の流れを促すという効果があった。

「このようなことは私に適合していた。そして、この後も、何らかの空虚さに立向(ママ)かうときは、私は絵を描いたり、石に彫刻したりした。そのような体験はすべて、成就(じょうじゅ)されかかっている考えや仕事のための入門の儀式となった」

❖臨死体験と石

石にまつわる象徴的な夢は、幻想が終息し、年を経たのちにもユングを訪れている。石の夢は不思議なことに死と関わっている。

「母の死の前日、私は恐ろしい夢をみた。私は深いうす暗い森の中にいた。素晴らしく、大きい石が、巨大なジャングルのような木の間に横たわっていた。それは雄大で原初的な風景であった。突然、私は全世界が鳴り響くかとも思われるような鋭い笛の音をきいた。私のひざはふるえ、おののいた。すると、灌木(かんぼく)の下がざわめいて、一匹の巨大な狼猟犬がおそろしい口をあけて進んできた。それを見て、私は血がこごえるのを覚えた。その犬は私とすれちがって、突走っていった。そして、私は急に、あの恐ろしい猟人（ヴォータン）が人間の魂をとってくるように、猟犬に命令を下したのであることが解った。私は恐怖のうちに目覚めた。その翌朝、私は母の死の報せを受けとったのである」

ユングは六十九歳のとき心筋梗塞に続いて足を骨折するという災難に見舞われた。危篤に陥り、酸素吸入を受けながら、地球を外側から見るという幻像を体験した。これはいわば現在知られているところの臨死体験であり、ロシアの宇宙飛行士ガガーリンが「地球は青かった」と証言する以前に、宇宙から見た地球の姿を克明に自伝のなかで描写している。

宇宙空間に浮遊し、地球を眺めているユングの目の前に忽然と石が登場してくる。

「視野のなかに、新しいなにかが入ってきた。ほんの少し離れた空間に、隕石のような、真黒の石塊がみえたのである。それはほぼ私の家ほどの大きさか、あるいはそれよりもう少し大きい石塊であり、宇宙空間にただよっていた。私も宇宙にただよっていた。

これと同じような石を、私はベンガル湾沿岸でみたことがあった。それらは黄褐色の花崗岩のかたまりで、そのなかのいくつかは、なかをくり抜いて礼拝堂になっていた。私がみた石塊も、そのような巨大な、黒ずんだ石のかたまりであった。入口は小さな控えの間に通じていた。その入口の右手には、黒人のヒンドゥー教徒が、石のベンチに忘我の状態で、白い長着を着て、静かに坐っていた。彼は私を待っているのだと、私にはわかった。二歩でこの控えの間に入ると、そのなかには、左側に礼拝堂への扉があった。数え切れないほど多くの壁龕には、それぞれ皿状にくぼんでいるのだが、そこにはココヤシ油が満たされていて、小さな灯心がともされ、それらが扉のまわりを、明るい炎の渦でとり囲んでいた。私はかつて、セイロンのカンディーにある〝仏陀の聖なる歯〟という寺院を訪ねたとき、こういう状態を実際にみたことがあった。扉は幾重にも並んだこの種の油灯で縁どられていた。

　私が岩の入口に通じる階段へ近づいたときに、不思議なことが起こった。つまり、私はすべてが脱落して行くのを感じた。私が目標としたもの、希望したもの、思考したもののすべて、また地上に存在するすべてのものが、走馬灯の絵のように私から消え去り、離脱していった。この過程はきわめて苦痛であった。しかし、残ったものもいくらかはあった。それはかつて、私が経験し、行為し、私のまわりで起こったことのすべてで、それらのすべてがまるでいま私とともにあるような実感であった。それらは私とともにあり、私がそれらそのものだといえるかもしれない。いいかえれば、私という人間はそうしたあらゆる出来事からなり立っていた。私は私自身の歴史の上になり立っているということを強く感じた。これこそが私なのだ。〝私は存在したもの、成就したものの束である〟」

この体験のなかでユングは、死の世界の方をむしろ真実と感じ、そちらへ移行することを望むのだが、意に反して生の世界に帰還し、八十六歳で人生を終えるまで、自伝を含め『ヨブへの答え』『結合の神秘』など重要な著作を残すことになる。

さて、ユングの時間を逆に戻そう。

❖錬金術との出会い

ユングが五年にわたる無意識との対決を客観的に観察、分析し、ひとつの答として本にまとめることができたのは十二年も過ぎたのちであった。

「幻想の流れが引き、魔法の山にとらわれることがなくなって、最初に自問したのは〝我々は無意識を相手に何をしているのか〟という問いだった」と書いている。

この答を求めて、グノーシス主義（一、二世紀に起こり、激しい迫害によって絶滅したキリスト教の異端）の研究に没頭していたユングは、その系譜をつぐ錬金術との決定的な出会いを体験することになる。

錬金術師とは、中世ヨーロッパで水銀、鉄、酢、水といった諸々のものに化学的処理をほどこすことで金をつくりだそうとした人々である。ある錬金術師は二千個の卵を煮て卵黄、卵白、殻に分け、これらの物質から動物の繁殖力を抽出できると信じた。彼らの多くは人里離れた地に家をかまえ、妻だけを助手にして、祈りと瞑想のうちに孤独な実験の日々を送った。

金がどんな化学的処理によってもつくりだせないことが科学的見地から明らかにされている現在、愚かな幻想に人生を捧げた人々としか映らない。ましてや終生、科学者としての目にこだわり続けたユングにとっては、笑止以外の何物でもなかっただろう。

しかし、夢が執拗にユングの意識の扉をたたいた。錬金術のシンボルで覆われた中世の蔵書や、フラスコや天秤で埋め尽くされた実験室の光景が繰り返しあらわれた。決定的な夢は、一人の農夫とともに古い領主の館に迷いこんだユングの前で、突然門が鈍い音をたてて閉まり「ああ、十七世紀に閉じこめられた」と農夫が叫ぶ声を聞く、というものだった。十七世紀は、錬金術が最高潮に達した時期である。

手に入る限りの錬金術の本を取り寄せたユングは、それでも挿絵を見るだけで「ああ馬鹿げている」と思い、二年近く置いたままにしていた。ある日「見えすいたナンセンス」と思いながらも何気なく読み始めたユングは、驚きと興奮でとり憑かれたようになった。

錬金術師は、実は本当に金をつくりだそうとしていたのではなく（多くの例外があったにせよ)、化学的過程である種の心的体験をしていたのであり、彼らの呼ぶ「金」とは心の変容過程の究極の状態をあらわすシンボルだ、ということを見いだしたのである。

「錬金術師の経験は、ある意味では、私の経験であり、彼らの世界は私の世界であった。これは勿論(もちろん)、重要な発見であった。すなわち、私の無意識の心理学の歴史上の相対物にめぐり会ったのである」

錬金術師が残した一見意味不明ともいうべき膨大な言葉やシンボルは、ユングが観察していた自身や患者たちにあらわれてくる心の変容過程に対応していた。

「錬金術の諸象徴が示しているように、そのめまぐるしい変化の収斂(しゅうれん)していくところには、世界中どこにも共通する中心的諸類型が存在するのである。そしてこれらの類型こそ、もろもろの宗教が各自その絶対的真理を抽(ひ)き出してくる原像に他ならないのである」

❖石の心臓を取りだすべし

宗教は人の救済を説(と)いていたが、錬金術師は物質の救済を説いていた。というのも、錬

瞑想する錬金術師。ニグレド（暗黒世界への下降、死）の状態を表している
〈ヤムスターラー「錬金術の道案内」／
C・G・ユング『心理学と錬金術II』人文書院より〉

金術師は「石に霊が宿る」と考え、それを抽出することを前提としていたからである。たとえばバシリウス・ウァレンティヌスの見解によると次のとおりである。

「地は死せる肉体〔物質〕ではなく、地の中には地の生命であり魂である霊が棲んでいる。あらゆる被造物は、従ってまたもろもろの鉱物も、地の霊から己れの活力を享ける。霊は生命である。霊は星々から養分を与えられ、己れの胎内に宿す生きとし生けるものに養分を与える。ちょうど母親が身籠っている子供を胎内で養うように、地もまたその胎内で、天上から享けた霊によって諸鉱物を養い孵化する。その不可視の霊は、われわれが手に触れることのできない鏡像のごときものである。しかしまたこの霊は、作業過程に無くてはならない諸物質〔肉体〕、もしくは作業過程に応じて発生してくる諸物質〔肉体〕の根源でもある」

あるいは、最初期の錬金術師オスタネスは次のように述べる。

「ナイルの河流に赴くべし。されば汝はその河流にて、一つのプネウマ（筆者註／気。霊、魂を意味する）の宿れる一つの石を見出さん。そを取りて、割り砕き、汝の手をその内へと差入れ、その心臓を取出すべし。石の魂は石の心臓に棲むがゆえなり」

石に手を入れて心臓を取りだす……。この印象深い不思議な叙述について、ユングはこんなふうに説明している。

「彼らが霊を孕(はら)む奇跡の石を求めたのは、あらゆる物体〔物質〕を貫き、その中に浸透する力を有するあの物質(これは石を貫き、石に浸透したほどの〝霊〟であるから、あらゆる物体に浸透しえないはずはないと考えられた)を石の中から抽出し、この物質の力によってあらゆる卑俗な物質を染色し、それらを高貴な物質へと変成しようがためであった。この〝霊的物質〟は、もろもろの鉱物中に隠れている不可視の水銀、そしてこれをその〝真髄(しんずい)において〟捉え獲得するにはまず鉱物中から追い出さなければならないところの水銀、まさしくこの水銀のようなものなのである。そしてもしこの刺し貫くメルクリウス(筆者註/化学的には水銀。ユングはこれを〝生命の霊〟〝宇宙の魂〟と解釈していた)を手に入れることができれば、今度はこれを他のいろいろな物質の中に〝投入〟して、これらの物質を不完全な状態から完全な状態へと移行させることができる。不完全な状態とは眠っている状態のようなものであって、不完全な状態の諸物質はいわば〝冥府(ハデス)に縛られ冥府に眠るもの〟なのである。それゆえこれら眠れる物質は、霊を孕む奇跡の石から獲得された神聖なチンキによって、ちょうど死から蘇生させられるように、新たな、より一層素晴らしい生へと目覚めさせられねばならない――これが錬金術師たちの志向するところであった」

子どものころから石と自分のなかに類似のもの、のちに「神性」という言葉で呼ぶようになった共通のものを感じていたユングにとって、錬金術との出会いは二重の意味で決定的なものであった。

「神性が、キリスト教では下僕（筆者註／人間の息子でもあるキリスト）の姿をとって真実の姿を隠すように、錬金術の〝哲学〟では見栄えのしない石の姿をとって真実の姿を隠す。〝聖霊の降下〟はキリスト教的投影にあっては、真の人間にして真の神である選ばれし人の生ける肉体にまでしか達しないが、錬金術ではそれは、死せる物質の闇にまで達する」

❖塔の家

ユングは四十八歳になった年、スイスのボーリンゲンに塔の家を建てた。それをかたちづくるものは、子どものころから愛した石、彼の人生を通じて大きな意味を投げかけてきた石でなければならなかった。

「学問的研究をつづけているうちに、私はしだいに自分の空想とか無意識の内容を、確実な基礎の上に立てることができるようになった。しかし、言葉や論文では本当に十分ではないと思われ、なにかもっと他のものを必要とした。私は自分の内奥(ないおう)の想いとか、私のえた知識を、石に何らかの表現をしなければならない、いいかえれば、石に信仰告白をしなければならなくなっていた。このような事情が〝塔〟の、つまりボーリンゲンに私自身のために建てた家屋のはじまりである」

この塔は、ユングのすべてになった。

「ボーリンゲンでは、私は自分の本来的な生をいき、もっとも深く私自身であった。ここでは、いわば私は〝母の太古の息子〟であった。(中略)時には、まるで私は風景のなかにも、事物のなかにまでも拡散していって、私自身がすべての樹々に宿り、波しぶきにも、雲にも、そして行き来する動物たちにも、また季節の移りかわりにも、私自身が生きているように感じることがあった。塔のなかにはなに一つとして十年の歳月を経ぬものはなく、また私とのつながりをもたないものはなかった。そこではすべてのものが、私との歴史を共有し、その場所はひき籠りのための無空間的な世界なのである。私は電気を使わず、炉やかまどを自分で燃やし、夕方になると古いランプに灯をともした。水道はなく、私は井戸から水をくみ、薪を割り、食べ物を作った」

七十五歳になった年、ユングは誕生日を記念して塔の家の庭に石碑をつくろうと思いっいた。三角石を注文したのに、石切場の主人のどういう手違いか、並はずれて大きい四角の石塊が届けられた。

「私はその石を見たとたんに、〃いや、それはわたしの石だ。わたしがもらっておく〃といった。一目みただけで、それは私に全くぴったりしたものであり、その石で何かしたいと思ったからであった。（中略）その正面に、石の自然の構造として小さな円形が見えてきたが、それは私を見つめている目のようであった。そこで私はそこに目を刻んで、その目の中心に小さな人間の像、ホムンクルスを彫った。それはあなたがたが他人の目のひとみのなかにみいだす一種の〝人形〟――つまりあなた自身――いわば一種のカビル、あるいはアスクレピオスのテレスフォロスに相当するものである。古代の像では、彼はフードつきの外套（がいとう）をきて、ランプを下げた姿で表現されている。彼はまた、行く手を指示する人である」

自らノミをふるって石を彫り始めると、言葉が雲のようにつぎつぎに浮かんでは消えた。ユングは「石自身に語らせよう」と考え、石のひとつの面に次のようなラテン語の詩文を刻んだ。

「私は孤児で、ただひとり、それでも私はどこにでも存在している。私はひとり、しかし、自分自身に相反している。私は若く、同時に老人である。父も母も、私は知らない。それは、私が魚のようにうみの深みからつり上げられねばならなかったから、あるいは天から白い石のように落ちてくるべきであったから。私は森や山のなかをさまようが、しかし人の魂のもっとも内奥（ないおう）にかくれている。私は万人のために死にはするが、それでも私は永劫（えいごう）の輪廻（りんね）にわずらわされない」

それは石の言葉であると同時に、ユングが「内なる先祖」と名づけたものの声でもあった。

ボーリンゲンに完成した塔の家

ユングがつくった石碑
〈いずれもヤッフェ編『ユング自伝２』みすず書房より〉

石をうたう

❖石っこ賢さん

子どもが石に魅せられることには、なにかしら先天的な匂いがある。石ぐるいの多くが子どものころに始まっているのは、子どもの視線が地面に近いからなどという理由では、おそらくない。子どもは、ひとしく石に魅せられるのだ。時を経て子どもは年老い、いつのまにか二種類の人々ができあがる。「石を忘れた大人たち」と「大人にならなかった子どもたち」である。石ぐるいが後者に属していることはいうまでもない。歴史をふり返ると、多くの思想家、芸術家たちが後者だった。

宮沢賢治は、小学生のころから「石っこ賢さん」とあだ名がつくほどの石ぐるいだった。日曜日になるとハンマーを片手に盛岡郊外の鬼越坂や南昌山、岩手山にも足を伸ばし、鉱物採集に熱をあげた。中学時代を過ごした寄宿舎の彼の部屋には足の踏場もなく岩石や化石が転がっていたという。

賢治の石ぐるいは趣味の範疇にとどまらなかった。盛岡高等農林学校では地学を専攻、当時の教授をして「土壌学、岩石学では並ぶ者のない逸材」と言わしめた。教授の勧めで研究科に残った賢治は研究論文を書くかたわら、郡役場の依頼を受けて地質土性調査報告書をまとめるなどプロの地学者として働いている。研究科時代の賢治は、好きな鉱物を仕事に結びつけるべくあれこれ思案していたことがうかがえる。当時、父親に宛てた手紙のなかで「いままで勉強してきた岩石鉱物類をこれからも扱いたいと思うけれど、どうもこれらの仕事はみんな山師的であるので最初の職業にするのは気がすすまない」と書いている。東京で宝石研磨商をやろうかと考えた時期もあったようだ。それは夢に終わったが、三十七歳で世を去る前には砕石工場の技師として働いている。

賢治はしばしば北上河畔を訪れては、詩を書いたり創作の構想を練ったりした。ここをひそかに「イギリス海岸」と名づけた彼は、突飛とも思われる命名について、次のように説明している。

「イギリス海岸には、青白い凝灰質の泥岩が、川に沿ってずいぶん広く露出し、その南のはじに立ちますと、北のはずれに居る人は、小指の先よりもっと小さく見えました。

殊にその泥岩層は、川の水が増すたんび、奇麗に洗われるものですから、何とも云えず青白くさっぱりしていました。（中略）
日が強く照るときは岩は乾いてまっ白に見え、たて横に走ったひび割れもあり、大きな帽子を冠ってその上をうつむいて歩くなら、影法師は黒く落ちましたし、全くもうイギリスあたりの白堊の海岸を歩いているような気がするのでした」

「イギリスあたりの白堊の海岸」とは、おそらく「ドーバーの白い壁」と呼ばれるドーバー海峡に面した崖のことである。この崖は、太古の昔、有孔虫やウニ、貝などの死骸が海底に降りつもってできた岩石チョークでできており、多くの芸術家たちのインスピレーションの源となった。

賢治は花巻郊外の「イギリス海岸」で、日本で初めてバタグルミの化石を発見している。それは先端が尖った風変わりな楕円形をしていた。北アメリカには現生するが、日本では見られなかった新種であり、賢治が採集した当時、化石は新生代新第三紀鮮新世のものと考えられた。このクルミは「銀河鉄道の夜」にも登場する。ジョバンニとカムパネルラが白鳥の停車場で降りて河原を歩くくだりだ。

「『くるみの実だよ。そら、沢山ある。流れてきたんじゃない。岩の中に入ってるんだ。』
『大きいね、このくるみ、倍あるね。こいつはすこしもいたんでない。』
『早くあすこへ行って見よう。きっと何か掘ってるから。』（中略）
『君たちは参観かね。』その大学士らしい人が、眼鏡をきらっとさせて、こっちを見て話しかけました。『くるみが沢山あったろう。それはまあ、ざっと百二十万年ぐらい前のくるみだよ。ごく新らしい方さ。ここは百二十万年前、第三紀のあとのころは海岸でね、この下からは貝がらも出る。いま川の流れているとこに、そっくり塩水が寄せたり引いたりもしていたのだ。』」

「銀河鉄道の夜」には、黒曜石（こくようせき）でできた路線図や、水晶（すいしょう）の砂、サファイアとトパーズの球がくるくる回る観測所など多彩な石が登場する。彼の作品群のなかで、石をテーマにした物語は数えきれない。貝オパールを描いた「貝の火」、ダイヤモンドをはじめ色とりどりの鉱物の雨が降る「十力（じゅうりき）の金剛石（こんごうせき）」、ベゴという名前の溶岩餅（べい）を主人公にした「気のいい火山弾」、鉱物採集を描いた「台川」、蛋白石（オパール）を探しにでかける「楢（なら）ノ木大学士の野宿」……。賢治がつむぎだす世界では、石は人間のように自らの生涯を回想し、怒り、笑い、病気にもなる。

たとえば「楢ノ木大学士の野宿」では、石切場の小屋でうつらうつらする大学士の耳に鉱物たちの会話が入ってくる。

「ね、あのお日さまを見たときのうれしかったこと。どんなに僕（ぼく）らは叫んだでしょう。千五百万年光というものを知らなかったんだもの。あの時鋼（はがね）の鎚（つち）がギギンギギンと僕らの頭にひびいて来ましたね。遠くの方で誰かが、ああお前たちもとうとうお日さまの下へ出るよと叫んでいた、もう僕たちの誰と誰とが一緒になって誰と誰とがわかれなければならないか。一向判（いっこうわか）らなかったんですね。さよならさよならってみんな叫びましたねえ。そしたら急にパッと明るくなって僕たちは空へ飛びあがりましたねえ」

鉱物の話し声に息をのんで聞きいる大学士の耳に、今度は黒雲母（くろうんも）であるバイオタが「お腹が痛い」と泣きだし、斜長石（しゃちょうせき）であるプラジョが診察にあたる様子が伝わってくる。

「『はあい、なあにべつだん心配はありません。かぜを引いたのでしょう』『ははあ、こいつらは風を引くと腹が痛くなる。それがつまり風化だな』大学士は眼鏡（めがね）をはずし半巾（はんけち）で拭いて呟（つぶや）く。（中略）病人はキシキシと泣く。『お医者さん。私の病気は何でしょう。いつごろ私は死にましょう』『さよう、病人が病名を知らなくてもいいのですがまあ蛭石(ひるいし)病の初期ですね、所謂(いわゆる)ふう病の中の一つ。俗にかぜは万病のもと云(い)いますがね。それから、ええと、も一つのご質問はあなたの命でしたかね。さよう、まあ長くても一万年は持ちません。お気の毒ですが一万年は持ちません』」

悠久の時間が嬉しくてたまらないというように、賢治の筆に弾(はず)みがついてくる。

「けだし、風病にかかって土になることはけだしすべて吾人(ごじん)に免(まぬ)かれないことですから。けだし」

生前に刊行された唯一の童話集『注文の多い料理店』の前書きには「これらのちいさなものがたりの幾(いく)きれかが、おしまい、あなたのすきとおったほんとうのたべものになることを、どんなにねがうかわかりません」と書かれていたが、この「すきとおったほんとうのたべもの」には、儚(はかな)い生命の自覚に裏打ちされた、石が呼び起こしてくるところの時間も空間も超越した果てしのない味覚が含まれていたにちがいない。

❖古文書学者たる詩人

岩石の文学的イマージュについて考察した哲学者ガストン・バシュラールは、著書『大地と意志の夢想』のなかで書いている。

「人間の伝説は生命のない自然にその挿絵を見出す。あたかも岩石に自然の碑文が刻まれているかのようだ。詩人はそうすると、もっとも古い古文書学者となるだろう」

じっさい、多くの詩人たちが、それぞれの創造のなかでこの「古い古文書学者」の一員に加わっていた。

「主よ、私をあなたの曠野(こうや)の番人にして下さい
石に傾聴(けいちょう)する者にして下さい」（リルケ「時禱(じとう)詩集」）

「そしてお前は待っている　待っている　ひとつのものを
お前の生命を限りなく増してくれるものを
力強いもの　異常なものを

石の目ざめを
お前に向けられた深みを」（リルケ「形象詩集」）

「讃（ほ）め歌うたうこと、これだ。讃め歌うたうことを使命として
彼は岩石の沈黙の中から鉱（あらがね）の湧（わ）き出すのにも似て
生まれ出た。」（リルケ「オルフォイスに寄せるソネット」）

「おお人間よ！　われは石の夢のごとく美し」（ボードレール「悪の華」）

「自然の子供たちの総領である、原始の巌（いわお）」（ノヴァーリス「青い花」）

「岩は、まさしくわたしが話しかければ、特別の〝汝（あなた）〟にならないでしょうか。」
（ノヴァーリス「サイスの弟子たち」）

ゲーテも「ちいさな鉱物学者ワルター・フォン・ゲーテのための子もり歌」という詩の

なかで子どもと石についてうたっている。

「子もり歌には花をうたう。
虫や小鳥や動物をうたう。
しかし、おまえが眼をさますと、わたしは近よって
しずかな石を持ってゆこう。

いろいろな小石はおもしろいものだ。
投げてみたり、こぼしてみたり。
子どもの手にははね返るのは
つぶ石、豆石、玉石など。」

❖ゲーテ鉱

ゲーテはドイツ鉱物学会の創立会員だった。「若きヴェルテルの悩み」や「ファウスト」で名高いゲーテが、その多彩な才能を「植物変態論」や「色彩論」といった論文に開花させていたことは有名だが、それらに先がけて「花崗岩(かこうがん)について」という論文を書いていた

ことはあまり知られていない。

花崗岩に特別の愛情を寄せていたゲーテは、ブロッケンの花崗岩が露出している頂上にすわり、次のように自分に語りかけるのが好きだった。「ここでおまえは大地のもっとも深部まで達している基盤に直接休息しているのだ。……この瞬間に……大地の作用と同時に、大地からの内密な力がわたしの上に働きかけているのだ」。また、彼はこんなふうにも書いている。「岩山、その力がわたしのたましいを高揚させ、そしてゆるぎないものにする」。

ゲーテの日記「イタリア紀行」をひらくと、日々、石に関する記述であふれていることに驚かされる。たとえばシチリア・五月一日はこんな具合だ。


「ヒュブラ・マヨールの付近では、北方から河に運ばれてきた溶岩の漂石が現われている。渡船場の上の方には、あらゆる種類の漂石、角石、溶岩、石灰等と結合した石灰岩や、それから石灰質凝灰岩(ぎょうかいがん)で蔽(おお)われた硬化した火山灰も見える。混和した砂礫(されき)丘(きゅう)は蜿々(えんえん)としてカタニアまでつづき、エトナから出た溶岩の流れはこの丘の上に達しているが、中には丘を越えているものもある。噴火口と思われるものを左手にみて進む。自然がこのあたりで黒青色や褐色の溶岩を作って楽しんでいるのをみると、自然がいかに多彩な色を好

針状（上）と腎臓状（下）のゲータイト〈石橋隆氏蔵〉

むかがわかる」

地質学に造詣が深く石をこよなく愛したゲーテをしのんで、のちに「ゲータイト（ゲーテ鉱）」の名が針鉄鉱につけられている。

ユングはゲーテの「ファウスト」について、自伝の中で多くの紙幅を割いている。悪の問題に悩んでいた青春時代、「ファウスト」との出合いは決定的な光を投げかけた。

「遂に私は、悪とその普遍的な力とのわかる人々、そして——もっと重要なことに——人間を暗黒と苦悩とから解放する際に悪が果たす神秘的な役割のわかる人々がいる、あるいはいたことがあるとの確証を見出した」

ユングはゲーテの「ファウスト」をニーチェの「ツァラトゥストラ」とともに「元型に突き動かされて書かれた作品」とし、「最初から最後まで錬金術的思考に彩られている」と評している。彼の目から見れば「ファウスト」の書き手はいわば元型であり、ゲーテはただその力のおもむくところにしたがってペンを動かしたようなものだった。ゲーテの驚くべき点は、元型のおそろしく圧倒的な力に押しつぶされることなく、それを文字に定着させ、ひとつの作品に仕立てあげたところにあっただろう。

ゲーテが「ファウスト」第二部を書きあげたのは死の半年前、八十二歳のときだった。完成後、秘書であるエッカーマンに「私のこの先の生命は、もう全くの贈り物と見なすことができる」と語っている。

ユングは、自分が体験したあの圧倒的な無意識の力を知る者として、また祖父のカール・グスタフ・ユングがゲーテの婚外子だったという厄介（やっかい）な風聞（ユング家では決定的な事実と考えられていた）を通して、奇妙な親近感を感じていたようだ。

「元型に憑（つ）かれていた」ゲーテやニーチェといった人々が、ユング自身も含めて石に憑かれていたという事実は興味深い。

作家D・H・ロレンスは書いている。

「大地の外につき出た大理石の巨大なかたまりや荒野の原始的風景。（中略）人間たちがどうして石を熱愛するのか手にとるようにわかる。それは石ではないのだ。それは人類以前の時代の強大な大地の神秘的な力の顕現（けんげん）である」

石を読む

❖オキーフのバッグ

画家たちもまた、石の引力にひきつけられていた。二十世紀アメリカを代表する画家ジョージア・オキーフは、自他ともにみとめる石ぐるいだった。庭には自ら集めてきた何百個もの石が並べられ、とりわけのお気に入りは暖炉や居間のテーブルに飾られていた。視力が衰えたあとの晩年は、石を触っている時間が多かったという。オキーフが亡くなるまでの四十余年を暮らしたニューメキシコ州アビキューは、わずかにセージブラシが根を張るだけの半砂漠地帯である。鉱物学的な価値には何の関心もなかった彼女は、いつもきっぱりとした美しいかたちをもつ滑らかな触感の石をひたすら探しもとめた。

来客があると、彼女は「遠足」と称して珍しい鉱脈が走っている渓谷や閉鎖された鉱山跡に案内し、いっしょに石を探すのが好きだった。あるとき遠足に同行した写真家のエリ

石に触れるオキーフ〈Science Source / アフロ〉

オット・ポーターは、オキーフが夢中になりそうな艶やかな黒い石を見つけた。彼はオキーフにゆずることより妻への土産（みやげ）としてもち帰ることを選び、自宅のコーヒーテーブルにうやうやしく飾っていたが、その年の感謝祭にポーター家に招かれたオキーフは、誰も見ていないことをたしかめたうえで、この石をするりとハンドバッグに入れてしまったという。「自分が本当に欲しくてたまらない物であれば、絶対に手に入れることができる」と公言していたオキーフをしのばせるエピソードである。

彼女のハンドバッグには、貝殻や骨、しばしばごろりとした石が入っていた。

世界を旅したオキーフは語っている。

「どこに行っても、私は石を探す。ポンペイのホテルの外で拾った石も、バッグに入れて持ち帰った。石や、骨や、雲は、私に形を与えてくれる。でも、それを絵にすると、ときどき実際に見たものとはまったくちがったものになる」

手にのるような小さな石ころが、キャンバスのうえではまるで山のように巨大であり、強い存在感をもっていた。晩年のオキーフが「私の最良の作品」と評した「青を背景にした黒い石」と題する絵には、空いっぱいに君臨する石の姿が描かれている。

「オキーフは小さな花や石や骨たちを、熱き興奮そのままに大きく拡大して描く」と書いた批評家に、画家は「魂が惚れていないものを描いても、一体何の意味がありますか？」と問うたという。

オキーフは自分の絵を、自然が寛大に与えてくれるものに対する、彼女からのお返しと考えていた。

❖エルンストの幻覚体験

ドイツ生まれの画家マックス・エルンストも、石から多くのインスピレーションを受けとっていた。彼は自伝的回想のなかで、フロッタージュの技法を発見するにあたって自らの幻覚体験と合わせ、次のようなレオナルド・ダ・ヴィンチの「手記」を参考にしたことを告白している。

「もし君がなにか風景を描かなければならない時に、さまざまな種類の石でできている汚れた壁を眺めたとすれば、君はその壁の上に、変化に富んだ山、川、岩、樹、野原、谷、丘などを見出すだろう。場合によっては、そこに戦闘の場面、ひとびとの激しい動き、奇妙な顔の表情、服装、その他あらゆるものを見出すことができるかもしれない」

エルンストの幻覚体験とは、一九二五年の八月、ホテルに滞在していた彼が、床のタイルの無数の溝が奇妙に自分を惹（ひ）きつけていることに気づいたところから始まった。

「私は瞑想および幻覚の力をしっかりかき立てるために、タイルの上にあちこち何枚も紙を敷き、そこに黒鉛をこすりつけて一連のタイル絵を描いた。でき上がったものにじっと目を据えて見入っていると、おどろいたことには、突然とぎすまされた感覚となって、きわ立って対照的であったり、また重なり合っていたりする一連の絵の幻覚があらわれた。私は、これらの〝フロッタージュ〟から得られた第一回目の成果をコレクションにして、これを〝博物誌〟と名づけた」

「博物誌」の絵は、皮革の切れ端や、古くなったパン、石やタイル、麦藁（むぎわら）帽子などさまざまの物質の表面を使って描いた一連のパターンからつくられた。そのなかでは、糸巻きは馬になり、歯車は花になり、落葉は魚になっていた。錬金術師の言う「すべてのなかにすべてが含まれている」という箴言（しんげん）を、これらの絵が体現してみせたかのようだった。

フロッタージュの発見以後、エルンストは偶然のなかからあらわれる明白なかたちを探しもとめた。彼の関心は「世界を読む」ことであり、そのためには缶に穴をあけて絵具を垂らす方法やデカルコマニー（転写法）など、さまざまの新しい方法が試みられた。

世界は魔的なアナロジー（類似）で満ちていた。画家はまるで、パターンの海を泳ぐ「盲目の水泳選手」だった。一九二五年の幻覚体験以後、エルンストが石に惹かれていったのは偶然ではない。石こそはアナロジーの宝庫であり、人をして最も強烈に「読む」ことへと駆りたてる存在だった。石の彫刻にとりかかった彼は、石の表現の雄弁さに圧倒された。一九三五年の手紙にはこんなふうに書いている。

「彫刻のことで悩んでいる。今、フォルノ氷河からとれた大小のみかげ石の丸石を使って仕事をしているのだが、これらの石は時間と厳しい寒さと風雨とで素晴らしく磨き上げられているから、それだけで実に夢のような美しさをかもし出しているのだ。人間の手ではとてもそこまでのものは生み出せたものじゃない。だから、基本的な特徴は自然のままにとどめておいて、その上にわれわれ自身の神秘の記号を刻むだけでいいじゃないか」

❖カプリコーンヒル

一九四六年、エルンストは侵食された砂岩（さがん）が奇怪な姿でそそり立つ光景に惹（ひ）きつけられ、アメリカのアリゾナ州セドナに移り住んだ。七年後、ヨーロッパに戻ったのちも「私が住みたいと思う場所は世界に二つしかない。それはパリとセドナだ」と明言している。

エルンストの終生の伴侶であり、自らもシュールレアリスムの画家であったドロテア・タニングは、自伝のなかでセドナでの日々を回想している。

「材木、手斧、釘、レンチ、水道管。これらは絵具とカンバスのように必要不可欠のものだった。われわれの木造平屋建ては、ノコギリを動員して、まるで絵画の木枠をつくるようにできあがった。かくして描かれた絵のようにもろい創造物であるわれわれは、囲われ、屋根に守られ、なかに閉じこもることで、なんとか損なわれずにいることができるのである。

読者よ！　相反するふたつの自然力のただなかで暮らす興奮を想像していただきたい。頭上には、あの喜ばしい全きブルーが脳の深奥の闇をつらぬいて広がり、足元には、過去の無慈悲な大地のうえに石たちとサボテンのトゲが死んだふりを決めこんでいるのだ」

原初の風景そのままの、赤い巨岩が君臨する世界に移り住んだ二人の画家は、自然の存在感を前に、自らを守る拠り所を必要とした。肉体は建物によって守られる。しかし精神は？

「自然の高い出力は、ときにアーティストの頭脳を押しつぶす。実際にそれが起こるのを見てきた私は、ドアを閉めきり、室内に絵を描く。大がかりな行事。白く暗い絵で、外の赤い世界に覆(おお)いをかけるのだ。死せる町ソドムとゴモラのように白く凍りついた象徴に満たされた、がらんとした大きな部屋。そこはオパールの輝きとベルベットの闇が支配するところ。筆と絵具と強大なエゴを武器にして、太陽と月に張り合い、その世界をひっくり返し、光を思うままにするのはアーティストの楽しみではなかったか」

ドロテアは窓という窓から侵入する自然力を塞(せ)きとめるように、部屋を非現実的な絵で埋めつくすことに没頭し、エルンストは自然との媒介者あるいは二人の守護者(ガーディアン)として、セメントと鉄屑(てつくず)から半獣半人のモニュメントをつくりあげた。

いったいこれらの行動は、パリやニューヨークに住みなしてきたメトロポリタンゆえのことだっただろうか。いや、そうではない証拠に、原始、人々が衣服をまとうより早く、シンボルを織りこんだ装身具を身につけていたという事実をあげることができる。

芸術の発生は、呪術と分かちがたく結びついている。いまも昔も、自然は安息であると同時に脅威であり、芸術は自然への親しい呼びかけであると同時に、その圧倒的な力に対抗する武装でもあるのだ。

土地の命名も、れっきとした自然にかける魔法だった。二人は、家のある赤い丘を「カプリコーンヒル」（山羊座の丘）と名づけ、エルンストのつくりだした奇怪なモニュメントにも同じく「カプリコーン」の名を冠している。

❖ピクチャーストーン

アリゾナ州やユタ州からは俗に「ピクチャーストーン」と呼ばれる偽層砂岩（ぎそう）が採れる。偽層砂岩は、砂が水流の影響で斜めに重なり合い堆積（たいせき）した地層に水酸化鉄が沈着したもので、その断面が、人の目にはどうしても赤褐色の台地やビュート（平原に孤立する切り立った丘）、幾重（いくえ）にも連なる砂丘のように見えるのだった。まるで風景がふところ深く石のなかに、自らの見取り図をこっそりしまっていたかのように。

この石の存在をエルンストが知っていたかどうかはさだかでない。彼はどんなささやかな物質も未知なる世界の全体を内包している、と信じていたが、実際に自然がフロッタージュと同じ方法、すなわち細部に全体を代弁させるという方法をとっているのを見て、驚きを禁じ得なかったのではないだろうか。フランスの哲学者ロジェ・カイヨワは書いている。

「石の書法を構成する散り散りの記号は、それと響き合う他の記号の探索へと精神を誘う。わたしはそれらの前にたたずむ。わたしは熟視し記述する。遊びが始まる。つくりだすことであると同時に知ることでもある遊びが。」

これは『石が書く』という書物の一節だ。常識的な人ならば、題名の「石が」は「石に」か「石を」の間違いだと思うのではないだろうか。しかしこの本の場合、石は断固として主語でならなければならない。石は書く。石は草の茂みや死人の顔を、燃えるトロイの光景や、竪琴を手にしたアポロンを書く。

カイヨワは「絵入りの石」と呼ぶところの、石の切断面にさまざまの物のかたちが浮かびあがった石に憑かれていた。それはたとえば、瑪瑙の縞や、大理石の幾何学的模様や、岩石の隙間に浸透した方解石が描きだす模様が絵に見えるというだけのことだったが、ときにその偶然の相似は唖然とするようなものだった。

カイヨワはカラーの写真をちりばめて、自然の成功作であるところの「絵入りの石」を次々に紹介していく。ある石には廃墟と化した都市の風景が、ある石にはイトスギが並ぶ田園風景が、またべつの石には鳥が舞い飛ぶ空を背景に城館のシルエットが（窓辺には人々の姿もある！）くっきりと浮かびあがっている。最後の例については、カイヨワはこんなふうに書いている。

「これほど絵に似ているものはないだろう。わたしがこの石を見せたすべての者のうち、はじめはそれが素朴なあるいは腕の悪い画家や、子供あるいは美術を習いたての者によって描かれたのだと、信じない者はひとりもいなかった。よく調べたあとになって、ようやくこれが一種の自然の絵画であることに気づくのである。それでも何人かは、そのことをなかなか認めず、何かペテンがあるのではないかと考える。彼らにとって、これほど人間の作品に見える模様を偶然だけがつくりだせたとは、想像もおよばないことに思えるのである」

石に惑う

❖あばらや石、やぶ石

たしかに「絵入りの石」は、人心を惑わした。歴史を通じて、最も多く博物館の蒐集の対象となったのは、イタリアのフィレンツェ近くからでる廃墟図入りの大理石「あばらや石（パエジナストーン）」と、イギリスのコタム周辺からでる風景画入りの大理石である。フィレンツェの大理石には樹枝模様を有するものもあり、イタリア人はこれを「やぶ石」と呼び、廃墟図入りを「町石」と呼んで区別したという。

フィレンツェの大理石は、十六、十七世紀のヨーロッパでブームを巻きおこした。アウクスブルクの蒐集家フィリップ・ハインホーファーはこの売買を一手に行い、絵入りの大理石をはめこんだ豪華な家具をつくってポメラニア公フィリップ二世やスウェーデン王グスタフ二世といった人々に納めていたという。貴族たちは、丘や木々、森や小川、雲や稲妻が一層はっきりと絵のように見える石をもとめて四方八方手を尽くした。

多くの学者たちが「絵入りの石」の成因について説明を試みた。ルイ十三世の司祭で当代きっての東洋学者であったジャック・ガファレルは、「ガマエ」と呼ばれる絵入りの瑪瑙（めのう）について大著を書いている。ガマエは「星の力」を吸収し蓄えることができる、いわば霊石で、この石を使って悪魔憑（つ）きや精神病、もろもろの肉体の病（やまい）も治すことができるという。医者が患者を治療するときに用いられ、護符（ごふ）として身につけることも流行した。

ガファレルは、ガマエの成因について、「天の精霊」が自ら刻んだものとしている。また、ほかの学者のなかには「ゴルゴン的な霊気の作用」によって、かつて液体であった石が絵を描くように凝縮（ぎょうしゅく）したと主張する者もいた。

いずれにしても「絵入りの石」は当時の学者の手にあまる存在で、人々は魔術的解釈にながれる傾向があった。

学者たちが独創的な仮説に工夫をこらしているあいだ、画家たちは「絵入りの石」に補筆することで、より一層はっきりとした絵に仕立てあげることを思いついた。ある画家は雪花石膏（せっかせっこう）の靄（もや）を利用して靄のあいまに天使を浮遊させ聖母子像や受胎告知（じゅたいこくち）の聖画を描き、またほかの画家は風景画入りの大理石の迷宮のように入りくんだ複雑な地模様を生かしてダンテの「神曲」などの物語に着想を得た地獄の風景を描くといった具合である。

著者がアッシジで手に入れたパエジナストーン

❖差出人のない手紙

「絵入りの石」への信仰に近い愛好は、ヨーロッパだけに限ったことではない。十九世紀の中国では、風景や動物や人が浮かびあがった大理石に、絵にちなんだ題や詩をつけ、落款を刻み、額に入れるという習慣があった。これは「夢の石」と呼ばれ、富裕な家庭の居間には一つは飾られていたという。

日本でも「文字石」と称して、文字が浮かびあがった石を珍重する風習があった。木内石亭は『雲根志』のなかで全国から伝え聞いた文字石のいくつかを紹介している。それらのほとんどは吉祥の文字で、円、天、大、大吉など。ほかには、妙法、もろもろの梵字など宗教にちなんだ文字も少なくない。千葉の銚子では一つの石に仮名が一字ずつある小石が採れ、江戸深川のある風流人は三十一個の石を拾い集めて古歌一首をつくり珍蔵している、というエピソードも付している。石亭は、ほかに「絵入りの石」として「忍草石」なるものを記している。

「美濃国養老寺は即滝の辺にあり。ここに火打石の名産あり。其石の中に忍草石あり。常の木葉石とは異にして石質至てかたき青石なり。これを破れば忍草の紋あり」

忍草とはシノブのことで、この植物が浮きでた石は、いまでも俗に「忍石（しのぶいし）」と呼ばれ、アリゾナ産のピクチャーストーンなどと並んで鉱物専門店のショーウインドーに飾られていることがある。

煌々（こうこう）と輝くウインドーを足ばやに行き過ぎる人々は、いまや「天の精霊」も「星の力」も信じていない。忍石はシノブとは何の関係もなく、植物のように見えるのは岩の細かい隙間にしみこんだ黒い二酸化マンガン鉱である、という説明を聞く。科学はその冷たい指先で、一枚また一枚と、神秘のヴェールをはぎとってきた。

しかし石のなかに絵を発見した人の驚きは、いまも昔も変わっていない。ある鉱物専門店の店員は、瑪瑙（めのう）の塊（かたまり）を二つに割ると、そこに北海道の地図が描かれていることに腰を抜かした。またイタリアの砂岩（さがん）のなかからくっきりと立ちあらわれたモニュメントバレーに夕日が沈む光景はいまだに忘れられないという。石の売買という現実的な世界に長く身をおいていても、この驚きはまったくもって新しいものだ。

石のなかに絵を見いだしたとき、人は、差出人のない手紙を受けとってしまったような気持ちを体験するのではないだろうか。文面には、なにかしら特別なことが書かれている。たとえて言えば、宝くじが当たったというような。何度目をこすっても、他人に見せてみても同じことだ。誰もが口をそろえて奇跡だという。そうだ、喜ばしいことだ。しかし、何かが引っかかる。いったいなぜ自分が当たったのか、誰がこの手紙をよこしてきたのかが一向にわからないのだ。

生命のない石が、生きている芸術家にまさるとも劣らない意志的な表現をしているのを見いだすとき、人はめまいを体験する。自分が立っているこの場所、この時間が溶解していくような感覚だ。それは甘美だが、彼方には底無しの深淵が黒々とした口をあけている。人はひとまず、石の現象に「偶然」というレッテルを貼りつけて留保する。このとき言葉は、現実と対決することを避ける安全装置として機能する。

しかし、実際のところ「偶然」という言葉は何をも説明していないのだ。それはコンピューターの画面を流れる「解読不可能」という小さな文字にすぎない。人は「絵入りの石」のまえでどんな理論をもっても武装することができず、すっぱだかのままで立っているのだ。

東洋のある言い伝えによると、模様のある石は「真の世界」に入る扉であるという。賢者はそれを長いあいだ熟視し、瞑想する。危険を冒(おか)して石の迷宮に迷いこんだ賢者は、二度と人間世界に戻ってこなかった。時間も空間もない不死の世界に入った彼は、自ら不死なるものに姿を変えたのだという。

❖物語の種子

賢者でもないわれわれは此岸にとどまり、物語をつくりだす。物語が生まれる場所は、いつも異質のものが薄明のうちにとけ合うところ、あらゆるものの境界だった。生と死、光と闇、偶然と必然……。二つの領域をやすやすと侵犯している石をまえにして、人の想像力は、たくましい翼を得て飛翔する。

石の名前を注意ぶかく見ていくと、実に多くの名前が物語の種子を携えていることに気がつく。古い名前においては、とりわけ顕著だ。天狗の爪石（サメの歯の化石）、石蛇（アンモナイトの化石）、月のお下がり（巻貝の化石。内部が玉髄化したもの）、竜骨（象の化石）、悪魔の指（ベレムナイトの化石）、石の乳（鍾乳石）、妖精の涙（十字石）、星糞（黒曜石）……。星にちなんだ名前も、石には多い。銀星石、天青石、天河石、日長石、月長石（ムーンストーン）……。

石の名前にこめられたいくつかの種子は、芽を吹き、物語の花をつけた。ギリシャでは琥珀を「エレクトロン」と呼び、これは「太陽の石」を意味する。ギリシャ神話のなかでは、琥珀は、太陽神ヘリオスの娘たちが流した涙として描かれている。ヘリオスの息子ファエトンは、太陽の黄金の二輪車を走らせているとき誤って軌道を踏みはずし転落死する。この死を嘆き悲しんだ姉妹はポプラの樹に姿を変え、彼女たちの流した涙が太陽の光で乾かされ川底に沈んで琥珀になったという。中国では、死んだ虎の魂が地中に入り、それが時を経て琥珀になったという伝承が残っている。

また、イギリスのヨークシャー北部から採れるアンモナイトは、かつて「ウィットビーの蛇石（へびいし）」と呼ばれた。聖ヒルダによって退治され、聖カスバートの呪文で頭を失ってしまった蛇の死体であるという物語が信じられていたからである。じっさい、アンモナイトの先端を彫刻し、蛇の頭をつけ加えて売る商人まであらわれた。

とはいえ名前と物語は鶏と卵のようであり、どちらが先であったかははかりがたい。

3章 うごめく石

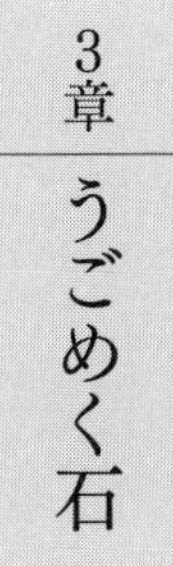

異界へのドア

❖ストーンボーイ

禁忌(きんき)をおかして石に姿を変えられるというモチーフは、多くの神話や寓話(ぐうわ)のなかで語られる。ギリシャ神話にあらわれるゴルゴン三姉妹の一人、逆立つ蛇の髪をもつメドゥサ。世界最古の叙事詩「ギルガメシュ」のなかで英雄ギルガメシュが壮絶な戦いを繰り広げる怪獣フンババ。いずれも、その目に射られると石に変えられてしまうといわれる、凶暴な破壊力の象徴である。

旧約聖書「創世記」に登場するロトの妻は、神によって滅ぼされたソドムの町から逃げる途中、神に「ふり返ってはならない」と言い渡されたにもかかわらず、掟を破ってふり返り、神によって塩の柱（岩塩／石）に変えられてしまう。

石化の恐怖とは、死の恐怖である。石にまつわる伝説が自然界のどの事物よりも奇怪さ

エンキドゥとともにフンババと闘うギルガメシュ
〈ウォルターズ美術館蔵〉

に満ち、生と死のテーマを内包しているのは偶然ではない。石はすべての生命あるものがあらわれてくる場所であり、消えてゆく場所である。地球上の最初の物質であり、最後の物質である。

アメリカ・インディアンのスー族のあいだで語りつがれてきた伝説「ストーンボーイ」のなかでは、生と死の橋渡しをする存在としての石が、象徴的なかたちで語られている。長くなるが、ここに紹介しよう。

昔、一人の少女と五人の兄弟たちがいっしょに暮らしていた。ある日、一家は渓谷の底にティピ（テント式の家）を移動させた。そこはどことなく奇妙で静かな場所だったが、水や食料に欠くことはなかった。

ある晩、狩りにでた五人のうち一人の兄弟が戻らなかった。翌日狩りにでた兄弟のうちまた一人が戻らなかった。その翌日も、またその翌日も、と同じことが続き、ついには少女が一人残るだけとなった。このころ、インディアンたちは導きとなってくれる聖なる儀式も祈りも知らず、幽霊のいる場所で身を守ることはむずかしかった。

少女は泣きながら丘のてっぺんに登った。ふと地面に落ちている丸石に目をとめた彼女は、これで死のうと思い、意を決して石を呑み込んだ。水を少し飲むと、からだのなかで何かが動きまわっているのを感じた。まるで、石が「心配しなくてもよいのだ」と話しかけてくるようだった。

翌日もその翌日も何も食べず水も飲まなかったが、空腹は感じなかった。不思議なことに、ご馳走（ちそう）を食べたあとのように心はかろやかで、かつてないほどに幸せなのだった。四日めになって、少女は痛みを感じた。「いよいよ最期がきたわ」と思った。しかし彼女は死ななかった。そのかわりに小さな男の子を産み落とした。

「この子をいったいどうしよう？　これは私が呑み込んだ石にちがいない」。子どもは強く、光り輝く目をしていた。彼女はインディアンの言葉で「ストーンボーイ」という意味のイヤン・ホクシという名をつけ、兄弟たちの衣服でくるんだ。子どもはみるみる大きくなり、ふつうの赤ん坊の十倍の速度で成長した。

ある日、ティピの外で遊んでいた子どもは、誰も教えないのに、ひとりで弓と矢をつくった。フリント製の鏃（やじり）を見た母親は、息子が尋常ならぬ力を秘めていることを知った。「たぶん彼は、自分が石であることを知っている。私が呑み込んだということも。彼は石の本性をもっているにちがいない」。

あっというまにたくましくなった息子を見て、母はしばしば泣くようになった。母は息子に、行方不明になった五人のおじたちについて、息子の出生の秘密についても打ち明けた。「知っているよ」と息子は言った。「僕はおじさんたちを探しに行く」。母は泣いて止めたが、ストーンボーイは必ず戻ってくることを約束してティピをあとにした。

彼はくる日もくる日も歩きまわり、ついにひとつのティピに行き着いた。それはほとんど倒れかけたみすぼらしいティピで、なかには醜い老婆が住んでいた。老婆は彼を手招きし泊まっていくようにと言った。

ティピの壁には、五つの大きな包みが立てかけられていた。肉を煮ながら老婆が言った。「背中が痛くてね。お願いだから、背中を踏んでマッサージしてくれないかい」。横になった老婆に馬乗りになり背中を踏み始めると、バックスキンのローブの下からナイフのような鋭いものが突きでているのに気がついた。「これでおじさんたちを殺したにちがいない。先端には蛇の毒が塗られているのだ」。平静を装って考えをめぐらせていたストーンボーイは、突如、高く舞いあがり、すさまじい音とともに老婆の背中に飛び降りた。幾度となないジャンプで彼が疲れきるころには、老婆は骨の折れた死体になり果てていた。

ストーンボーイは五つの大きな包みに歩み寄った。獣の皮と生皮の紐で入念にくるまれた包みを開けると、なかにはひからびて干肉のようになった、ほとんど人間とも判別できない五人の男たちの姿があった。「おじたちにちがいない」と思ったが、どうすれば生き返らせることができるのかわからなかった。

ティピの外には、山のように積みあがった灰色の丸石があった。耳を澄ませると、石たちは話をしており、ストーンボーイにはそれを理解することができるのだった。「イヤン・ホクシ、ストーンボーイよ。おまえはわれらが身内。おまえはわれわれから生まれ、トゥンカ（石のスピリット）から生まれた。よく聴け。注意せよ」。

石の教えにしたがって、彼は曲がった柳の枝でドーム状の小屋をつくった。それを老婆のバッファローのローブで覆い、なかには五人のひからびた死体を置いた。小屋の入口の外側に大きな火を燃やし、炎の中心にいくつもの石を置くと、彼は老婆の死体を火のなかに投げこんで焼き尽くした。石がまっ赤に焼けて輝き始めると、ストーンボーイは鹿の角を見つけてきて、それを使って石をひとつずつ小屋のなかに運んだ。

バッファローの膀胱でつくられた老婆の水筒を水で満たし、五人のひからびた死体を自分のまわりに円を描いて並べると、ストーンボーイはバッファローのローブを降ろし小屋の入口を閉ざした。空気の出入りはこれで完全に遮断できた。熱く焼けた石に水を注ぎながら、彼は石に感謝の祈りを捧げた。「ここに私を導いてくれた石よ」。四度水を注ぎ、四度バッファローの垂れ幕を開け閉めした。水を注ぐたびに小屋は蒸気であふれ、暗闇のなかにたちこめる白いもやのほかは何も見えなくなった。二度めに水を注いだとき、小屋のなかに動きを感じた。三度めに水を注いだとき、ストーンボーイは歌い始めた。四度めに水を注いだとき、ひからびた死体たちも歌い、話し始めた。

「生きかえったぞ。さあ、おじたちの顔を見たいものだ」。彼はローブを上げ、白い蒸気が羽のような雲となって空に昇っていくのを眺めた。焚き火と月の光が、小さな小屋を照らしだしていた。そのおぼろげな光のなかで、五人の美しい青年が座っているのが見えた。その顔は生き返った喜びに輝いていた。

ストーンボーイは言った。「おじたちよ。これは、私の母、あなたがたの妹が最も望んだことです。母はどんなにか切望していました」。彼は続けた。「石が私を救い、そしていま、あなたがたの生命を救いました。イヤン、トゥンカ、トゥンカ、イヤン。トゥンカシラ、祖父なる精霊よ。われわれはあなたを敬い、拝むことを学ぶでしょう。この小さな小屋、石、水、火は、神聖なるもの。ここに初めてしたように、いまからわれわれは、これらを浄化のために、生命のために、健康のために使うでしょう。授けられたこれらすべてのものがあればこそ、われわれは生きることができる」。

伝説のなかでストーンボーイが死者を生き返らせるために行なった儀式は「スエット・ロッジ」と呼ばれ、北米大陸のほとんどのインディアンのあいだで共有されているものである。部族によって小屋や手順にわずかな違いがあるものの、熱した石を用い、浄化と再生の儀式とされている点で共通している。

❖ヤコブの枕

石は、多くの神話のなかで冥界と接触をもつ。マレー半島のセマン族によると、世界の中心に一個の巨大な石、バントゥ・リブンがどっかと置かれ、その下に冥界があるという。黄泉（よみ）の国神話のなかで伊邪那岐命（いざなぎのみこと）が追いかけてくる伊邪那美命（いざなみのみこと）を阻止しようと道を塞ぎ、永久に生と死を分けることになったのも石だった。

実際にいくつかの石はそれ自身が冥界と接しているという伝承をもっている。宗教学者の中沢新一氏が下甑（しもこしき）島のフィールドワークで得た「手掛け石」と「立石」の話は、その一例かもしれない。「手掛け石」は村のはずれの畑に転がる巨岩で、「立石」はその北方に位置する環状列石である。村の伝承によると、人は死ぬ寸前に魂を飛ばし、手掛け石にやすらったあと、立石めがけて飛んでいくという。誰かが亡くなった晩は、決まって畑のなかの手掛け石の横を、歌ったり、笑ったり、泣いたりしながら歩いていく死者の姿（霊魂）が目撃されるという。歌い笑う人は極楽に、泣いて通る人は地獄に行くと信じている村人もいるという。

昔の日本人は、石が目に見えない世界と関わりをもつことを、おそらく疑わなかった。旱魃（かんばつ）や地震といった天変地異でさえ、それをつかさどる場所がどこか深層にあり、人は石を仲介にたてれば、そこに働きかけることができると信じられた。鹿島（かしま）神宮の「要石（かなめいし）」には、その地下深くに巨大な鯰（なまず）が棲（す）んでおり、万一この要石がはずれると、鯰は暴れだして大地震を引きおこすと考えられ、安政におきた江戸大地震は要石がずれたせいだったと噂（うわさ）がたった。日照りが続くと、人々は決められた沼や川、滝（たき）にでかけてゆき、手に手に小石をとっては投げこんだ。大蛇や竜（水神）が怒って暴れだし雨が降りだすと考えられたからである。また、社（やしろ）に祀（まつ）られている「雷石（かみなりいし）」なるものを手荒に放りだし坂道を転がり落とすと雨が降るとも信じられた。

いまでもよく目にされる神社の鳥居の上にどっさりと積もった願掛けの小石、道端の地蔵に手向（たむ）けられた小石、霊山や賽（さい）の河原と名のつくところに積みあげられた石などは、石を神、あるいは異界との交流の仲介とみなしている例かもしれない。

神が直接、石に現れると、その石は「影向（ようごう）石」や「護法（ごほう）石」と呼ばれた。『雲根志（うんこんし）』では石山寺仁王門のまんなかに道に埋もれてある石を影向石と伝えているし、京都の上賀茂（かみがも）神社の神門前にある大きな石も影向石とされている。後者は葵祭（あおいまつり）のときにいまも宮司（ぐうじ）が座る石として有名である。

古代イラン、インドにルーツをもちヘレニズム文化の開花とともにローマの軍人たちのあいだで熱狂的に信仰された「光をもたらす神」ミトラは、岩から生まれた。それは右手に短剣、左手に火のついた松明（たいまつ）をもち、いままさに岩から全身を現しつつある少年の姿をとって描かれている。短剣は牡牛（現世的な自我を象徴するといわれている）を殺すためのものであり、これによって浄化され不死のものに姿を変えることを理想とした。

フランツ・クモンは伝説のなかで岩がミトラを産む様子をこのように記述している。

「立像が寺院で崇拝されていた〝誕生の岩〟は、川岸の聖なる木の下でミトラを生み、近くの山に安置され、羊飼いだけが彼のこの世への出現の奇跡を見たといわれている。彼らはミトラが岩の塊から生まれ、頭をフリジアンキャップで飾り、ナイフで武装し、下の暗い深淵を照らす松明を持っているのを見た」

神は石から生まれるだけでなく、石に降り立つ。スコットランド王が即位の際に座った有名なスクーンの石は、一説には旧約聖書のヤコブの枕であると言われ、現在は英国王の戴冠（たいかん）式で用いる玉座に組み入れられている。旧約聖書の「創世記」を開くと、ヤコブが神の啓示を受ける場面が描かれている。

岩から生まれたミトラ
〈アテネ国立考古学博物館蔵〉

「ヤコブは……ハランへ向かったが、一つの所に着いた時、日が暮れたので、そこに一夜を過ごし、その所の石を取ってまくらとし、そこに伏して寝た。時に彼は夢をみた。一つのはしごが地の上に立っていて、その頂（いただき）は天に達し、神の使いたちがそれを上り下りしているのを見た。そして主（しゅ）は彼のそばに立って言われた、『わたしはあなたの父アブラハムの神、イサクの神、主である。あなたが伏している地を、あなたと子孫とに与えよう……』ヤコブは眠りからさめて言った、『まことに主がこの所におられるのに、わたしは知らなかった』。そして彼は恐れて言った、『これはなんという恐るべき所だろう。これは神の家である。これは天の門だ』。ヤコブは朝はやく起きて、まくらとしていた石を取り、それを立てて柱とし、その頂に油を注いで、その所の名をベテルと名づけた」

❖ニーチェの受胎（じゅたい）

石の体験を「神」と結びつけるのは、受け手の精神によっている。「神は死んだ」と明言していた近代人ニーチェは、「ツァラトゥストラ」を書くにあたって一個の岩の前で超常的な体験をしたが、彼は「神」という言葉を使わず、「圧倒的な力」と表現するにとどめている。

一八八一年八月、スイスのエンガディン地方の村シルス・マリア。まるで道を歩いていていきなり落雷にあったようなものだった。ニーチェの自伝的随筆のなかには次のようにある。

「あの日私はジルヴァプラーナ湖畔で森の中を散策していた。ズルライ近くの、ピラミッド型に聳え立った巨きな岩塊の傍に私は立ち止まった。そのとき私の身に永劫回帰の思想が到来したのだった」

永劫回帰の思想とは作品「ツァラトゥストラ」の根本構想であり、この日、「人と時の彼方六千フィートで」というニーチェの有名な言葉とともに一枚の紙片の上に走り書きされた。ピラミッドのような巨岩の前で体験したすさまじいインスピレーションを、彼はこう表現する。

「わが身の内にほんの少しでも迷信の名残りを留めている人なら、そのとき、実際に自分が圧倒的な力の単なる化身、単なる口、単なる媒体にすぎないとの想念を退けることはほとんど出来ないであろう。口に言えないほどの確実さと精妙さをもって、人の心を奥底から揺さぶり覆すような何ものかが突然眼に見えるようになり、耳に聞こえるようになるという意味での啓示という概念は、単に事実をありのままに叙べているにすぎない。人は聞くのであって、探し求めるのではない。受け取るのであって、誰が与えるのかを問いはしない。稲妻のように一つの思想が、必然を以て、躊躇いを知らぬ形でひらめく。――私はついに一度も選択をしたことがなかった。これはある恍惚の境地であって、すさまじいその緊張はときおり涙の激流となって解け落ち、足の運びはわれ知らず疾駆となったり、漫歩になったりする。完全な忘我の状態でありながらも、爪先にまで伝わる無数の微妙な戦きと悪寒とを、このうえなく明確に意識してもいる」

ニーチェは、同じ体験をした人を見つけるには数千年の昔にさかのぼらなければならないだろう、と書いている。彼がジルヴァプラーナ湖畔の巨岩に、ある種の必然を見いだしていたことは疑いようがない。ニーチェはここを「聖地」と呼び、再び帰還して「ツァラトゥストラ」第二部を書きあげている。

あの瞬間、ピラミッドのような巨岩から氾濫のように押し寄せてきたものは何だったのか、岩はこちらとあちらをつなぐ扉のようなものだったのか。いや、はたして岩の作用によるものなのか……。ニーチェにさえもわからぬことだったにちがいない。

ニーチェは受胎した。「あの日から後の日々を思い出してみると、一八八三年二月における、まったくありそうもない状況で突然始まった分娩（ぶんべん）の日までを計算に入れるなら、〝ツァラトゥストラ〟の懐胎（かいたい）期間は十八ヵ月ということになる」と、彼自身書いている。

❖超人の死

「ツァラトゥストラ」第二部「至福の島々で」のなかに、石のなかから眠っている像を取りだそうとするくだりが描かれている。ツァラトゥストラはかく語る。

「わたしのこの熱情的な創造意志は、わたしを常に新たに人間へと駆りたてる。こうして、それは鉄槌（てっつい）を駆りたてて、石に向かわせる。

ああ、きみら人間たちよ、この石のなかには、わたしにとって、一つの像が眠っているのだ、わたしの構想するもろもろの像のなかでの特別な像が！　ああ、それが最も堅く最も醜い石のなかに眠っていなくてはならぬとは！

いまやわたしの鉄槌はこの像の牢獄に向かって残酷に荒れ狂う。石から破片が飛び散る。それがわたしになんのかかわりがあろうか？

わたしはこの像を完成しようと欲する。というのは、一つの影がわたしのところへやって来たからだ――一切の諸事物のなかで最も静かな最も軽やかなものが、かつてわたしのところへやって来たからだ！

超人の美が影としてわたしのところへやって来た。ああ、わたしの兄弟たちよ！　いまさらわたしになんのかかわりがあろう――神々などが！――」

石に鉄槌を振りおろし、なかから「一つの像」（眠っていた超人の秘密）をあらわにしようとするツァラトゥストラのやりかたを、ユングは、同じく石のなかから霊を取りだすことを旨としながらも周到、曲折な手順を踏む錬金術師の態度とは正反対のものとして捉えている。

「ニーチェの超人は、キリスト教の集合的な力にまともに衝突（しょうとつ）せざるをえないような、個の意識の一種の倨傲（ヒュブリス）であった。そしてこのような倨傲は必然的に個の悲劇的崩壊を招来する。この崩壊がニーチェにおいていかにして、どれほど特徴的な形で、〝精神的にも肉体的にも〟起ったかは、誰しもよく知るところである」

これは「ツァラトゥストラ」第四部完成の四年後、一八八八年末に始まった狂気と十二年にわたる病（やまい）ののちの死を指している。最後の著作となった「この人を見よ」の「この人」とはニーチェ自身を指し、原題のEcce homoはヨハネ伝の言葉で、荊棘（いばら）の冠をいただいたイエス・キリストの受難像を指しているという。ニーチェは自分の身の上に、磔（はりつけ）という運命を見ていたのだろうか。発狂のいきさつは以下のように知られている。

「一八八九年の一月三日、ニーチェは、トリノのアルベルト広場の路上で突然昏倒（こんとう）し、偶然そこを通りかかった家主によって下宿へかつぎこまれる。こうして二日二晩の昏睡状態から目ざめたニーチェは、もはや常人ではなく、全くの狂気の人となっていた。かれは大声でひとり言をいい、むやみと歌い、ピアノを叩き、また、〝ディオニュソス〟、〝十字架にかけられたもの〟、〝アンチクリスト〟などと署名した多くの奇怪な手紙を、友人たちや未知の有名人たちに送りつけたりした」

精神病院から母のもとにひきとられたニーチェは、母亡きあとは妹の庇護（ひご）のもとで、子どもに返ったように何時間もピアノを弾き続けたり夕日を眺めたりしてすごし、ついに正常な精神を回復することはなかった。

心理学者ユングは、ニーチェの身に起こったことを震撼（しんかん）をもって受けとめた。なぜなら彼は、自分の五年にわたる無意識との対決をニーチェと同一の現象とみなしていたからだ。自伝のなかにこんなくだりがある。

「私はスイスの大学からもらった医師の資格をもっていること、私は患者を助けねばならないこと、妻と五人の子供をもっていること、キュスナハトのゼーシュトラッセ二二八番地に住んでいることなどは、私にいろいろな要求をしてくる現実であり、私が実際に存在していること、ニーチェのように、精神の風のまにまに舞っている白紙ではないことを私に立証するのであった。ニーチェは彼の思想という内的世界――彼がそれを所有しているよりも、時にそれが彼を所有している――以上の何ものも持たなかったので、彼は足場を失ってしまったのだ。彼は根こそぎにされ、宙に迷っていた。従って誇張や非現実性に屈服させられたのだ」

ユングは次のようにも書く。

「彼自身の身にふりかかったことを真剣に受け止めなくてはならないのだ。疑いもなくニーチェは、彼の悲劇的な病いの初期の段階でザグレウス（訳註／オルペウス教でディオニュソスと同一視されている神。ティタンに狙われ、いろいろなものに姿を変えながら逃れていたが、牡牛に身を変じた時捕えられ、八つ裂きにされて、食われる）の陰惨な運命が自分の身を襲ったのだということを知っていたのである」

ニーチェはジルヴァプラーナ湖畔の巨岩によって、いや、あのとき石が開示したと思われたもの、ユングが元型とみなしたものによって食べられてしまったのだろうか。実際には、診察した医師によって「麻痺性精神障害」（すなわち脳梅毒。ニーチェが二十代のころ娼家（しょうか）で感染したのが原因と、伝記作家はみる）の病名がつけられている。

❖宇宙に浮かぶ石板（モノリス）

ニーチェの体験にも見られる、石がとてつもないものを開示するというイメージは、映画『二〇〇一年宇宙の旅』のなかでも、繰り返しあらわれる黒い石板によって表現されている。内容の難解さと長編にもかかわらず、この映画が二十世紀を代表する作品になり得たのは、人間と石板の関係が、ユングの言葉を借りるなら人々の心の「元型的なるもの」を強く喚起したからにほかならない。そしておもしろいことに、ここでも生と死のテーマが語られている。二十世紀に生まれた、最も新しく最も古い石板の物語を紹介して、この項は筆をおこう。

四百万年前、人類の祖先である猿が小さな群れをつくっていた。ある朝、猿たちが目覚めると、何もなかったはずの原野に忽然（こつぜん）と黒い石板が立っていた。それは完璧な長方形をした巨大な石で、猿たちは怖れと好奇心で遠巻きに眺めていたが、一匹の猿が腕をのばしてそっと触れた。すると石板が特殊な力を放射したかのように、猿たちは道具を使うことを覚え、人類への進化の道を走り始めた。

場面は変わって、二〇〇〇年の月面から例の黒い石板が発掘される。石板は木星の方向に絶えず電波シグナルを送っていた。この不思議な物体を調査すべく月のティコ火口におもむいた科学者たちは、石板の頂上を太陽がかすめた瞬間、突然鳴り響いた金属音に耳を覆（おお）い、いたたまれない思いに駆られる。

宇宙のある生物が地球と月を訪れ、名刺がわりにこの石板を残していった。あるいは、月に到着するまでに進化した生物へのメッセージとして。シグナルが送られる先に彼らがいる――こう結論づけた科学者たちは、ボウマン博士を隊長とする宇宙探険船ディスカバリー号を、石板の謎を解くべく木星に向けて旅立たせる。しかし、ディスカバリー号はコンピューターHALの反乱で危機に陥っていた。地球との連絡が断たれた船内にただひとり生き残ったボウマンは、木星の軌道に入ったとき、暗黒の宇宙空間にあの巨大な石板が浮かんでいるのを発見する。石板に近づき始めると、突然、宇宙船は時間の急流に呑み込まれたように、光の氾濫（はんらん）のなかを通過して異次元空間に突入する。

ふと気がつくと、ボウマンはルイ十六世時代の優雅な装飾をほどこした部屋のなかに、たったひとりで住んでいるのだった。しかし部屋はボウマンを幽閉するようにしっかりと閉じて冷たく、ここが宇宙の全知全能の力が用意した場所なのか、地球なのかはわからなかった。ボウマンは年老い、いまや同じ部屋のベッドの上で息をひきとろうとしていた。その眼前には再び石板が立っていた。彼が静かに手をあげて石板に会釈（えしゃく）をすると、またしても奇跡が起こった。年老いたボウマンはベッドの上で胎児（たいじ）になっていた。それは太陽系をきわめ宇宙の全知全能の力に触れた経験をそっくり抱えたまま新しい生を始めることができる、超人類の誕生だった。

気まぐれな魔女

❖守る石

紀元前四世紀、幻の大帝国を築いたアレキサンダー大王は、遠征に際して兵士たちのひとりひとりに磁鉄鉱の塊を渡したという。磁鉄鉱は磁力をもつところから、古来、邪気を払う護符として神聖視されていた。十八世紀、ナポレオンは遠征の勝利を祈願して、ダイヤモンドを埋めこんだ剣を特別につくらせた。ダイヤモンドを身につけている者は決して敗れない、という俗信にしたがったのである。

歴史の一場面、一場面にもし立ち会うことができれば、登場人物の多くが石のお守りを所持していることに驚くだろう。ある時代には特別の力をもつと信じられた石がべつの時代には忘れられ、また再び思いだされて、誰かのポケットにひっそり入っていたり、ドレスのボタンとして縫いつけられていたりするのだ。

お守りとなった石の多くは、人を惹きつける特徴をもっていた。磁鉄鉱や赤鉄鉱（ヘマタイト）といった磁力をもつ石、電気石（トルマリン）や琥珀といった摩擦によって電気を帯びる石、ガーネットやカーネリアン、ルビー、辰砂といった血を連想させる赤い石、翡翠や孔雀石（マラカイト）といった緑の石は典型的な例かもしれない。

奇妙なかたちをもつ化石群も、人々を引きつけた。インドでは、アンモナイトを浸した水を呑むとすべての罪は消え去り、この世の幸福が保証されると信じられた。デボン紀の腕足類であるスプリファーの化石は、ツバメが羽を広げたように見えるところから中国や日本で「石燕」と呼ばれ、安産のお守りとされた。中世ヨーロッパでは、ウニの化石を塩と同じように左の肩ごしに後ろに投げると幸運が得られると考えられ、サメの歯の化石は災いをもたらす邪視から守ると信じられた。オーストラリアのアボリジニはエミュー（駝鳥に似た巨鳥）の胃からとりだした滑らかな石を魔よけのお守りとした。

琥珀は魔女のネックレスになり、十字石やガーネットは十字軍の兵士たちのお守りになった。十字石は写真に見るとおり二本の黒い結晶が交差した双晶で、これが十字架に似ているところから聖なる石として珍重されたのである。一方、ガーネットを身につけていると、病や負傷を避けられると信じられた。

十字軍の兵士がガーネットを、ナポレオンがダイヤモンドを出征に携えていった話は、

二本の結晶が交差する十字石〈石橋隆氏蔵〉

ヨーロッパにおける宝石信仰の長い歴史を思わせる。古来、ヨーロッパでは、宝石の輝きは天体の光が凝縮したものと考えられた。宝石はあたかも貯蔵瓶のように天体の力や効能をとじこめており、これを身につけることでどんな邪悪も退け、幸運を招くことができるというのだった。宝石と天上界を結びつける信仰は、ギリシャ・ローマ時代より以前、バビロニアまでさかのぼることができる。

キリスト教文化が熟するにつれ、宝石は天使の象徴とされ、悪魔が最も忌み嫌うものとされた。ビンゲンの聖女ヒルデガルトは、ダイヤモンドを口に含んでいれば、嘘をつくという悪徳から免れられると説いた。それぞれの宝石には特徴的な倫理的美質がそなわっており、人は身につけるだけで、石の美質を自分のものにすることができるのだった。誕生石の説明に、いまも「トパーズは誠実、ガーネットは真実、サファイアは慈愛……」などと書かれているのは、単なる象徴でも思いつきでもなく、そうした美質が本当に宝石にそなわっていると信じられていた時代の名残りである。

中国でも、かつて美しい光沢をもつ石「玉」（主に軟玉をさす）に倫理的価値を見いだしていた。玉には仁、義、智、勇、潔などの徳がそなわっており、君子は身につけることで徳を体現できると信じられた。玉へんの文字が好んで名前に使われるようになったのも、こうした信仰を背景にしているという。

玉は中国で古くから崇拝の対象であり、殷の時代には邪気を払う護身の方法として、腰から玉を下げる「佩玉」の風習が広く行なわれた。また、長寿を保つために玉を細かく砕いて食べる「食玉」や、遺体の腐敗を防ぐために死者の口に玉を含ませる「含玉」なども知られている。

食べる、あるいは口に含むことは、石の力を文字どおり一滴残らず呑み干すための究極の方法とみなされたのかもしれない。オセアニアのシャーマンは、精霊を見たり空を飛行するために水晶を食べたという。タイには、エメラルドを口に含むと、自由に空中を飛行することができるようになり、それによって広大な領土を手に入れるバラモン僧の民話が残っている。

❖石神

中国とヨーロッパでは、突出したかたちで玉と宝石が神聖視されたが、日本においては、石がただ石であるというだけで神として扱われてきたようなところがある。路傍のほこらには石神、シャクジン、オシャモジサマなどと称される石が祀られているし、古い家であれば屋敷神の神体の多くは小石であった。狂言には、夫と別れたいと願う妻が、石神に願をかけてその可否を占うのを、夫が石神になりすまして妨げる、という話が残っている。石神は総じて縁結び、男女和合の神で、その庶民的な性格は、子どもの夜泣きや耳だれ、疣を治す神にまで発展した。

山梨県には、球体の石を神体とする丸石神の信仰が古くからあり、人工のものとも見まがう完璧な球体の自然石が、あちこちの道祖神や屋敷神、稲荷などのほこらから見つかっている。丸石神の研究家・中沢厚氏によると、多くの神社がいまも丸石や石棒を保存しており、これらはかつて神社の神体であったのが、明治の初め政府からの要請で鏡や御幣を置くことになった結果、取りのぞかれ保管された例だろうという。

丸石に限らず、石を祀っている神社は多い。一例をあげると、隕石を祀る岩手県の塩竈神社や福岡県の須賀神社、水晶を祀る山梨県の玉諸神社、千葉県・玉前神社は漂着石、岐阜県・月の玉の社は巻貝の化石「月のお下がり」……といった具合だ。

古来、石は「神や霊のいれもの」と考えられた。「たまごもる石」という考えは、日本人の民間信仰のなかに根強くあり、まるで鳥が巣にやどるように神や霊魂が石にやどると信じられたのである。ヨーロッパで宝石が「天体の力のいれもの」として捉えられていたことを考え合わせると、堅く充塡した石のいったいどこに空ろのイメージが育つことができたのだろう、と不思議になる。

一個の石が突出したかたちで崇拝の対象となるまでの道筋にはいくつもあっただろう。

石を通じて何らかの神秘体験をした人が、聖なる石として祀った。あるいは、類稀なる特徴をもつ石が、その不可思議な秩序と美しさゆえに神格化された。空から降ってくる、漂着するといった特殊なもたらされかたが神の存在を想起させるということもあったかもしれない。

紀元前のフリギアで大地母神キュベレの神体とされていた黒石は隕石であり、ポエニ戦争の最中にローマまでもたらされ、ハンニバルの攻撃から救った女神として、古代ローマ人の信仰の対象となった。

イスラム教の聖地メッカの中心カーバに祀られている黒石も、隕石であると考えられている。この石は「神の地上における真の右手」と呼ばれ、いまでも年間二百万人を超える巡礼者の崇拝の対象となっている。伝承によれば、大天使ガブリエルがアブラハムに与えた石で、ムハンマド以前から信仰されていたという。

メッカと並ぶイスラム教の聖地エルサレムの「岩のドーム」中央、金色の円屋根の真下に、ムハンマドが生きているうちに天に昇り来世を見てきたと信仰されている岩が安置されていることを考え合わせると興味深い。

江戸時代の一八五〇年、現在の陸前高田市気仙町の長円寺の境内に落ちた隕石は、日本で落下が目撃されたもののなかでは最大として知られている。当初、百三十五キロあっ

ムハンマドと黒い石

エルサレムの岩のドーム

たはずの気仙隕石は、事件をきいて参拝に駆けつけた村人たちの手で次々にかきとられ、原形をとどめない姿になってしまった。これは、隕石が養蚕（ようさん）と漁業に霊験（れいげん）があり（気仙は養蚕と漁業の村だった）、病（やまい）にも効くという噂が広まったためらしい。家の神棚に祀る者、腹痛や頭痛のときに舐（な）める者、風邪の際には粉にして呑む者など、隕石の扱いは多岐にわたった。明治に入り、石が宮内（くない）省帝室博物館に献納されることになったとき、地元の反発は相当なものだったという。峠で待ちぶせ、石の奪還をはかった若者たちもいて、搬出は困難をきわめた。また、外国人のバイヤーが村に入り、多くの隕石の切れ端が海外にもちだされた。現在、気仙隕石はニューヨークやシカゴ、パリの博物館などおよそ十ヵ所にわたって散逸していることが確認されている。

特別な力が宿るとされた石の例をつぶさに書き連ねれば、おそらく何十ページ費しても足りないだろう。石の神通力に果てしがないのか、人の欲望に果てしがないのかはわからない。欲と心配事が尽きない人間が、その重圧に耐えきれず、石に片棒をかつがせてラクになることを願ったのかもしれない。

❖呪う石

数十万年というもの、人はありあまるほどの思いのたけを石に求め、託してきた。もの言わぬ石が、ふと溜め息をついているように感じられるのは、私だけだろうか。

守る石の話と同じくらい、呪う石の話は多い。あるいは、人の願いをきくことにあきあきした石が、悪戯(いたずら)を思いついたのかもしれない。恐怖をばらまき、呪いをかける。この世に、いいことづくめのものなどひとつもないのだ、と言わんばかりに。

木内石亭(きのうちせきてい)の『雲根志(うんこんし)』には、呪う石についての聞き書きがいくつか記されている。その一部を引用しよう。

「京都双林寺(そうりんじ)の境内西北の隅、祇園女御(ぎおんにょうご)の宮趾(きゅうし)に女御田(でん)という地あり。その藪(やぶ)の外道の側に一石あり。知る人まれなり。これいわゆる祟石(たたりいし)なるものか。近きころ双林寺のわかき男どもかの石を取り来たり、寺内の山亭に飾りぬ。その夜かの僕(しもべ)にわかに大熱を発し譫(せん)語(ご)す。翌日僕が枕辺(まくらべ)にかの石あり。大いに恐怖して元の所へ返すに、ほどなく快復したりと」

石をもち帰った若者が、その夜、熱にうなされうわごとを言う。朝起きてみると、石は置いたはずの場所になく、枕元にあるではないか。驚いて石をもとにもどして、事なきを得たという。石亭はこれを「祟石」と名づけている。

「近江国金勝山は草津駅の三里東なり。当山半腹に泣石あり。俗民伝えいう、むかし当寺建立の時、石匠一の大石を求めて鑿す。忽然として鑿孔より血を出すこと滝のごとくにして石大いに泣く。その声直に数千の牛の一時に吼ゆるがごとし。数十里にひびきて血の出ることさらにやまず。石匠等大いに驚異してみな逃げ去れりと。今にその鑿跡存して五六所あり」

近江国金勝山とは現在の滋賀県栗東町の金勝山のことらしい。昔、寺を建てるとき、ある石工が大石にノミをふるうと、石は穴から滝のように血を噴きだし大声で泣き始めた。まるで数千頭の牛が一斉に鳴いているような声で、血はやむ気配もない。石工らは腰を抜かして逃げ去ったという。

「遠州佐興中山往還の真中にある円石これなり。伝えいう、昔孕女、賊のために害せられしが、霊魂この石にとどまりて夜々泣きしと。（中略）大磯の虎が石は虎が霊石と化し、信州姥捨山には姥が霊石と化し、遠州掛川の嫁が霊石、姑が霊石、伊賀国名張郡中知山の夜泣石、同国阿波郡夙村の夜泣石、この類のことあげてかぞうるにいとまなし」

遠州佐興中山とは静岡県の小夜ノ中山のことで、日本に数ある夜泣石のなかでは最も有名だという。昔、妊婦が賊に襲われ殺された。その霊が石にとり憑いて毎夜のように泣く。こうした夜泣石は数えるのもきりがないほど多い。

石亭は、「みな妖僧らが糊口の種にして、物産家、弄石家の尋ね需むべきことにあらず」と結んでいる。真偽のほどはべつにして、こうした怪異をなす石の伝承は世界のいたるところに散見される。

たとえばチェロキー族のシャーマンは血を呑み干す水晶を所有しているが血が足りなくなると水晶は空を飛んで人を襲い、ドイツには何度動かしても元のところに戻ってくる石があり、中国には涙を流して夜ごと泣く石があり、アメリカでは石を動かそうとした作業員が次々と変死し……といったような話である。

❖動かすべからず、もち帰るべからず

現代の呪う石として最も悪名高いのは、ホープダイヤモンドかもしれない。この四五・五二カラットのハート形をした青いダイヤモンドは、何世紀にもわたって転々と持ち主を変えた末、いまではアメリカのスミソニアン博物館に展示されている。「凶運のダイヤモンド」と呼ばれたのは、関わりをもった人の多くが自殺や変死を遂げたからである。

言い伝えられている凶運の歴史とは、ざっとこんな具合だ。原石はインドのゴルコンダから採掘された。一説には、盗賊によって神像の目から抜き取られた石だったといわれる。太陽王ルイ十四世が所有していたが、のちにルイ十六世がマリー＝アントワネットに贈り、二人が断頭台の露と消えたあと行方知れずになった。アムステルダムに姿を現したがじきに盗まれ、盗んだ男がロンドンで自殺すると、銀行家ホープの手に渡った。ホープ家のなかではダイヤが原因で訴訟沙汰が起こり、フランスに売られた。このときのブローカーは一年もたたぬうちに自殺。その後帝政ロシアの皇子イワン・カニトフスキーの所有となったが、これを借りて身につけ舞台に立った女優マドモワゼル・ラドレは、その晩劇場で元恋人に撃たれて死亡した。皇子もほどなく暗殺された。ギリシャの宝石商がこれを買ったが、新たな買い手と契約した直後、崖から馬車が落ちて死亡。その後ダイヤの所有権はアメリカの大富豪マクリーン夫人に移った。夫人は息子と娘を相次いで事故で失い、夫は精神病院で死亡するという不幸に見舞われた。夫人は、六人の孫の最年少者が二十五歳になるまでダイヤを信託に付すようにという遺言を残して他界。彼女の遺志に反して、ダイヤはマクリーン家の借金の穴埋めとして売りにだされたが、元相続人とされた孫の最年少者は二十五歳の誕生日を迎えてすぐ、ダラスの自宅で死んでいるところを発見されたという。

その後ホープダイヤモンドはアメリカの大宝石商ハリー・ウインストンの手に落ち、スミソニアン研究所に寄贈された。科学者の分析の結果、このダイヤの珍しい青色には結晶格子の重要な交点で炭素の代わりにつまっている硼素(ほうそ)が関係しており、稀(まれ)に見る強い電気伝導特性をもっていることが判明している。

現代の呪う石で印象的なものにハワイの火山の話がある。ハワイ島の公園管理局には、毎年、膨大な量の石の小包みが送り届けられ、年によっては総量が一トンにのぼったこともあるという。これらは旅行客が記念にと珍しい石を拾いもち帰ったものの、よからぬことが続くので、あるいは祟(たた)りの話を耳にして怖くなったので送り返してきたというものらしい。伝承によると、ハワイのキラウエア火山は女神ペレがやどる聖地とされ、山の石を奪う者には容赦(ようしゃ)のない復讐を加えるという。

これによく似た現象はオーストラリアのエアーズロックでも起きている。この巨大な赤い岩は先住民アボリジニの聖地であり、「ここで悪いことをすると不幸が起きる」として彼ら自身登ることを戒めている。しかし国立公園に指定されたことから観光客が登るようになり、なかには石をもち帰る人がいるらしい。公園事務所に送り返されてきた石はコーラの瓶に詰まった砂からひと抱えもあるものに及び、その多くに病気、事故、破産など不幸の報告と懺悔(ざんげ)の内容の手紙が添えられているという。

石がさまざまなかたちで集められ、お守りや鑑賞品として愛玩(あいがん)されてきた一方で、「石を動かすべからず、もち帰るべからず」という考えは、古くから広く共有されているもののようだ。日本にはかつて、白、赤、黒などの小石をもち帰ると目が見えなくなる、特定の石に触った女性は双子を産む、などとして避ける風習があり、ヨーロッパでも家のそばの石を掘りだすと家庭の平和が失われる、治療に使われた石には触れてはいけない、などとする信仰があった。

守ったり、呪ったり。というわけで、石は恐ろしく気まぐれな魔女のような存在になってしまった。人間が勝手につくりあげた仮面なのか、本当の素顔なのかは知るべくもない。

石の薬局

❖石を食べる

ある日、中国の漢方薬店で、ひとりの考古学者が薬を買い求めた。名前は「龍歯（りゅうし）」といい、これを煎（せん）じてつくった桂枝加龍骨牡蠣湯（けいしかりゅうこつぼれいとう）は神経鎮静の妙薬として知られていた。「龍歯」あるいは「龍骨」と呼ばれるものの、龍とは何の関係もない。マンモスをはじめとする旧象やその他哺乳類の化石である。学者が包みを開くと、驚いたことに、そこには人類の化石歯が混じっていた。北京（ペキン）原人の遺跡である周口店洞穴（しゅうこうてんどうけつ）の発見は、この冗談のような偶然につながっているという。

考古学者が漢方薬をあなどれないという事実は、以前の新聞記事にも見つけることができる。黄河流域で二、三百万年前の世界最大の旧象の化石が発見された。しかし、学者グループが気づいたときにはすでに遅く、住民たちが盛大に掘りだし小さく砕いて漢方薬店に出荷したあとだった。売られた「龍骨」はトラック十八台分。貴重な学術的資料を大量に失った学者たちの落胆はさぞ大きかったにちがいない。

古来、石は薬だった。「石を食べるとは、大胆な」と思うかもしれない。あの煮ても焼いても食えそうもない代物を、いったいどうやって食べるのか。からだをこわすのがおちではないか。しかし、われわれの先祖は「からだに効く」と考えた。古代なら、ポパイがもりもりホウレンソウを食べるように石を食べて強くなるキャラクターも突飛ではなかったかもしれない。すりつぶしたり、加熱して粉にしたり、ほかの薬草といっしょに煎じたり、といくつかの石の料理法があった。

実際のところ、われわれも石を食べている。豆腐の凝固剤やビールの添加物として石膏が、薬の錠剤には粘土の一種ベントナイトが入っている。毎日食べる塩も、もとはといえば岩塩という名前の石だ。

さて、中国の石薬の話だ。三世紀にだされた中国最古の薬の本『神農本草経』には、数多くの石薬の処方が記されている。十六世紀に明の李時珍が著した史上最大の薬物書『本草綱目』五十二巻でも石薬は相当部分を割いてとりあげられており、日本の本草家、貝原益軒や小野蘭山らに大きな影響を与えた。江戸時代、象の化石が滋賀で発見され、これを献上した人が「龍」という名字を授かったというエピソードからも、当時すでに中国石薬の知識が知られていたことがうかがえる。

中国から実際にもたらされた石薬で最も古いのは、正倉院の御物（ぎょぶつ）かもしれない。正倉院は奈良時代、聖武天皇の遺愛品をおさめた倉庫である。この北倉には唐（とう）から運ばれた六十種の薬物が奉納されたが、たびたびの施薬で量は少なくなり、いまでは約四十種が残っているという。「奉盧舎那仏（ほうるしゃなぶつ）種々薬」と書かれた目録には数個の龍骨が記されており、このうち現存している「五色龍歯」は数十万年前の旧象パレオロクソドンの右第三臼歯（きゅうし）で、インド産のものと推定されている。

龍骨とともに正倉院におさめられていた石薬に、禹余糧（うよりょう）、太一（たいいつ）禹余糧という石があった。舌をかみそうな難解な名前は、むかし夏（か）の禹王（うおう）が会稽山（かいけいざん）に残した余りものの食糧が石になったという伝説にもとづいているらしい。これは中が空洞になっている鉄質の団塊（ノジュール）で、振るとコトコトと愛らしい音がするため、「鈴石」「鳴石」の別名をもち、割ると、音の張本人である小石のほかに、べったりと白餡（しろあん）のような粘土がつまっているところから「饅頭石（まんじゅういし）」とも呼ばれるようになった。古来、薬用となったのは、この餡の部分である。現代では、この主成分は加水ハロイサイトであるとされ、尿路結石や腎臓結石を取り除く薬として東洋医学の現場で使われている。

中国の石薬の伝統は、日本の民間療法にも影響を与えた。中国の本草書にあらわれる

「鉄華粉」は、薄くのばした鋼鉄を磨き、塩水をかけて酢の瓶に入れ地中に百日埋めたあと、表面にできたさびをこそげとり、細かくついてふるいにかけ、乳鉢でつぶして粉にした、という手のこんだものである。平安時代の日本ではこれが簡略化され、谷川で砂に混じって流れだす鉄を火で焼き摺りつぶして粉末にした「くろがねのすりこ」なるものが、増血剤として用いられた。

また江戸時代のはじめ、京都で「風眼」という目の伝染病が流行したことがある。河内屋清兵衛は漢方の知識を得て炉甘石を使った「井上目洗薬」を発売したところ、効きめがあるとして評判になり、昭和まで続くロングラン商品となった。

石薬の研究家・益富寿之助氏によると、炉甘石とは水亜鉛土のことらしい。中国の『本草綱目』には、「目を明にし、赤、湿を収め爛れを除く」と書かれている。井上目洗薬は、焼いて粉にした炉甘石に梅肉、樟脳、蜂蜜、氷砂糖を練り合わせ、これを絹の巾着に入れてハマグリの殻におさめたもので、使用のときは巾着を清水に浸して振りだし、その液でまぶたの裏を洗った。平賀源内や坂本竜馬も眼病にかかり、この目洗薬を使ったという。

禹餘糧

禹余糧〈『本草綱目』／益富寿之助『石　昭和雲根志1』六月社より〉

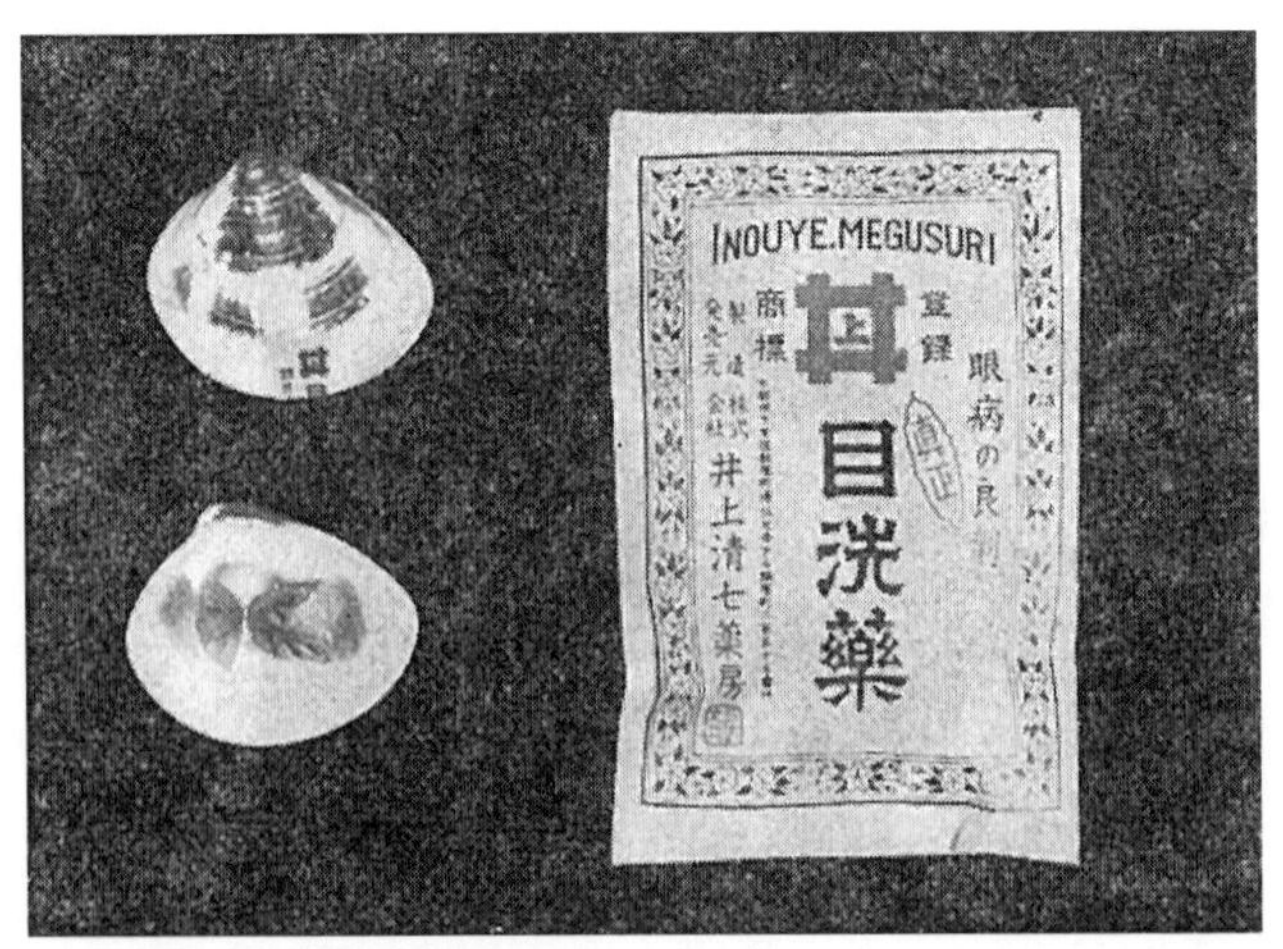

井上目洗薬〈益富寿之助『石　昭和雲根志1』六月社より〉

❖宝石療法

香港や台湾を歩くと、いまでも漢方薬店のガラス瓶のなかに、龍骨や石燕（スプリファーの化石）、石蟹（カニの化石）などの化石をはじめ、種々の石がおさまっているのを見ることができる。ある石好きは、ときには石専門店よりも安価で上質のものが手に入ると言っていたが、真偽のほどはどうだろうか。

中国の石薬には、琥珀、孔雀石、黄鉄鉱、紫水晶といった、鑑賞用にすぐれた石も含まれている。『神農本草経』には、紫水晶を続けて服用すると「十年子なき婦女が孕む」とあり、唐の時代には紫水晶を調合した五石更生散や寒食散が流行したらしい。これを飲むとからだはぽかぽかとあたたまり、人々は水浴びをし薄着をしてもなお火照るからだをもてあまし戸外で涼んだという伝承が残されている。鉱物研究家の堀秀道氏は、これらの薬で一時死者が続出し社会問題になったことを指摘し、有毒なのは紫水晶ではなく、処方のなかに含まれる砒素だったとしている。

たしかに、古い薬の処方には、理解に苦しむものが多くある。たとえば、紀元前一四五〇年ごろメソポタミアから自立したアッシリアでは、石薬が医学のなかで用いられた。楔形文字の粘土板文書には、頭の病気の治療法として「ニラ、古びた靴をいっしょに乾かして、（一部不明）アンチモン、塩とともに一回、二回、三回とまぜあわせ、（不明）みょうばんとカミツレをすり砕き、杉の油のなかでまぜ、頭に塗れば治るだろう」と記されている。呪術的な意味がこめられていたのかもしれないが、あまり試してみたくない代物ではある。

また、ローマの文人プリニウスが『博物誌』のなかで、痛風の特効薬として紹介しているのは「塩を添加していない軸受用のグリスに古い油、石棺の石を砕いたもの、ワインのなかでどろどろにしたキジムシロ（バラ科の植物）をまぜあわせた」と、こちらも負けず劣らず独創的である。

ローマ人にとって、石、とりわけ宝石は、さまざまの薬効力をもっていた。サファイアは水腫、ルビーは風邪、エメラルドは痙攣、ダイヤモンドは解毒に効きめをもつと信じられた。琥珀は扁桃腺炎や甲状腺腫を治すとされ、これを粉末にして蜂蜜とローズオイルと練り合わせたものは耳の薬となった。温めると良い香りを放つ琥珀の性質に着目したローマの女たちは、手にもって歩くことを習慣としたという。中国や日本でも琥珀と同じく樹脂の一種が「薫陸」の名で香として親しまれている。

中世になると、琥珀は黄疸や胃痛にも効くとされ万能薬のようにもてはやされた。十六世紀に出版された宝石の事典には「琥珀は喉のすべての不調を治し、解毒の作用をもつ。

もし眠っている妻の胸の上にこれを置くなら、彼女をして秘めたる悪業を告白させることができるだろう。ゆるみかけた歯に結わえたり、これを燃やした煙で歯を燻(いぶ)すなら有害な菌を退散させることができる」と書かれている。

ミルキーアンバーの別名をもつ白琥珀への情熱は、ゲルマン人の騎士たちのあいだで独占販売組織がつくられるまでに高まった。白琥珀は、各種宝石を粉状につぶし固めてつくられた特効薬「ベアゾール」の成分としてしばしば活躍した。「白琥珀、赤珊瑚(さんご)、真珠(しんじゅ)、蟹(かに)の目と爪、雄鹿の角を摺(す)りつぶし混ぜ合わせたものは心臓病に効く」といった具合である。

中世の宝石療法に登場する石は、無論、琥珀に限らない。中世の医学書『健康の庭』には百五十種にのぼる石が扱われ、十二世紀にはビンゲンの聖女ヒルデガルトが『フィジカ』などの医学書のなかで水晶やエメラルドを用いる処方を記述している。

宝石を薬用にする例は、他の文化圏にも見いだすことができる。インドの伝統医学アーユルヴェーダは、肺と肝臓の病気に「アメジスト水」なるものを処方する。紫水晶(アメジスト)を一日浸しておいた水を、カップ一杯ずつ食間に飲むという簡単なものらしい。また、チベット医学では、トルコ石が肝臓病によいとされた。

宝石のなかにみとめられた治癒力は、おそらく宝石を護符(ごふ)とみなすことと起源を一にしているだろう。ヨーロッパにおける「天体の力を封じこめた宝石」への限りない信仰は、科学的思考が人類の範となったあとも、ひそかな伏流水となって流れ続け、一九七〇年代のアメリカでニューエイジ・ムーブメントとなって姿をあらわした。

ニューエイジにおいては、石はオカルトやサイキックな分野と合体し、ストーンヒーリング、ストーンパワーといった言葉とともに続々と本が出版された。その多くが石を精神と肉体を癒し強化するための道具として捉えている点で共通している。

たとえば、ある人は水晶を瞑想の際に集中するポイントとして使い、ある人は「チャクラの色を増幅する」ためにルビーやトパーズ、ラピスラズリやアメジストをからだの上にのせ、またある人は「石の波動を吸収する」ために、宝石を入れて太陽の下にまる一日放置しておいた清水を飲み、べつの人は「テレビが発する放射線をからだに取り込まない」ために水晶をテレビの上に安置するといった具合だ。そして、こうした諸々のテクニックを教えるストーンヒーリングの専門学校もあらわれた。

癒すという観点から捉えると、石が薬としてだけでなく、さまざまの方法で使われていることがわかる。手ごろな大きさとかたちに成形し磨かれたホールディングストーンは、石の触感から精神の安定を得ようとするものだ。これは親指療法と呼ばれ、神経症や吃音（きつおん）癖（へき）のある人の治療に有効だといわれている。アメリカではニューエイジグッズの店やロックショップの店頭を飾り、舞台関係者やビジネスマンのあいだで緊張をほぐす道具としてブームを呼んだ。

古来、中国には卵形の石を両手で包んで袖で覆い、石の温もりをからだに吸収する「暖手」という習慣があった。また日本では、火で温めた石を患部に押しつける「温石」という方法が知られており、これらは現代のホールディングストーンに通じるところがあるかもしれない。

❖万能吸い取り石

石から何かを受けとるだけではなく、石に何かを押しつけることでも癒しは成立する。毒や痛み、イボやコブといった歓迎されざるものは、石になすりつけて捨ててしまおうという発想は古くからあった。

中世のヨーロッパでは、病人は石にからだをこすりつけたり、石のまわりを巡って悪いところを石にうつすことで、病から解放されると信じられた。コブに悩む者は、欠けていく月に顔を向けて、石でコブに触れ、これを後ろに投げるとコブがとれる。歯痛に悩む者は、石の上に裸足で立ち、呪文を唱えながら頭からつま先に向けてからだをなでると痛みがとれる……。作法にはさまざまのこみいったバリエーションがあったが、基本的な考え方は、石はあらゆるものを吸い取る掃除機のようにみなしている点である。

石が厄介（やっかい）なのは、掃除機のように中身のゴミだけをまとめてポイッ、とはいかないところだ。病やコブはのり移ってしまった。石と一体化してしまった。いまや危険物と化した石は、放射性廃棄物のように隔離されなければならない。なにしろ相手は、ちょっとやそっとではへこたれない、地上で最も長生きの石である。というわけで、治療に使われた石は本当に地中深くに埋められた。

地域によっては、雨だれの落ちる軒先に放置しておくと、雨だれが不浄を洗い流すので、再び使うことが可能になるとも信じられた。このような手続きが踏まれなかった石に、知らない誰かが触れると、その人は同じ病にかかってしまうと考えられた。石を安易に拾ってはいけない、という俗信は、こうした信仰にも関連しているかもしれない。

日本にも「舌附石（したつきいし）」、「吸石（すいいし）」なるものがあった。木内石亭（きのうちせきてい）の『雲根志（うんこんし）』には次のような記述が見える。

「舌附石、遠江（とおとうみ）の国佐野（さや）郡倉見（くらみ）、西郷（さいごう）村の蛇喰坂（へびくいざか）にあり。白色柔軟の雑石なり。舌唇（ぜっしん）に試むるにたちまち吸いつく。里俗（りぞく）（筆者注／土地の習わしで）腫物（はれもの）につけて膿汁（のうじゅう）をすうという。はなはだ信用しがたし」

「相模国三浦にねずみ色なる常体の石あり。この石を破り砕きて諸腫物に付くる、たちまち膿をすい出してすなわち治すと。予これをもとめ見るに下品の雑石なり。腫物に用いみるに少しはその功あり」

「はなはだ信用しがたし」といいながら、一方ではわざわざ「吸石」を取り寄せて実際に試しているのだから、石亭ももの好きである。

この類の石は、遠い過去にだけ存在したものではなさそうだ。作家の寿岳章子さんは「蛇頂石」なるものをダイヤモンドのように大事にしていた人である。それについて書かれたものを紹介しよう。

「私は幼時、京都南禅寺に住んでいた。かげ深く湿潤の地で、いっぱいムカデがいてよく刺されたものだ。ギャアッと何べん叫び声をあげたか知れない。そんな時父か母が飛んできて、小さな黒いだ円形の石をちょっと濡らして、かみ口にペタッとはりつける。ただちに痛みはすーっとひき、やがてポロリと石はとれる。その石を水を張った洗面器に入れるとプクプクとかわいらしい小さな泡が出てくる。つまりムカデの毒をはきだしているのだ。やがてその毒も出なくなれば、石をふいてしまっておいて、またの役に立てる。さな

がら魔法の石だった」（『神戸新聞』昭和五十三年七月、随想「魔法の石」より）

　寿岳さんが大事にとっておいたという古めかしい効能書には「毒虫の薬石」とあり、「ころばぬさきの要心棒。かまれた時の蛇頂石」というコピーがついている。「蜈蚣、蝮蛇、蜂、蚤、蚊、南京虫、毒鼠、狂犬、海月、蠍」など一切のかみ跡に効くといい、やはりアイデアとしては万能吸い取り器に近い。

　寿岳さんによると、昭和のはじめ、両親が京都の老舗「鳩居堂」で買い求めたものらしい。「二個入り一包み、定価五十銭。送料は内地十銭、台湾・樺太二十七銭、鮮・満・南洋四十二銭」とあるのは、いかにも往時をしのばせる。碁石のような黒い光沢のある石で、かつてはたくさんあったのが人にあげたり割れたりしていまではたった一個を残すだけになってしまったという。寿岳さんは書いている。

「年々ムカデ日記をつけるほどのムカデが、この向日町の家にも夏ごと出没するからには、それはダイヤより貴重な存在である。大切に大切にしまってあるが、これがなくなったらどうしようとノイローゼになりそう。鳩居堂も今は一切つくらぬ由で、全くのお手上げ。こんないいものをなぜ現代の医学は（西洋のでも東洋のでも、何でもいい）作ってくれぬのか。科学はある点で後退しているとしか思えないではないか」

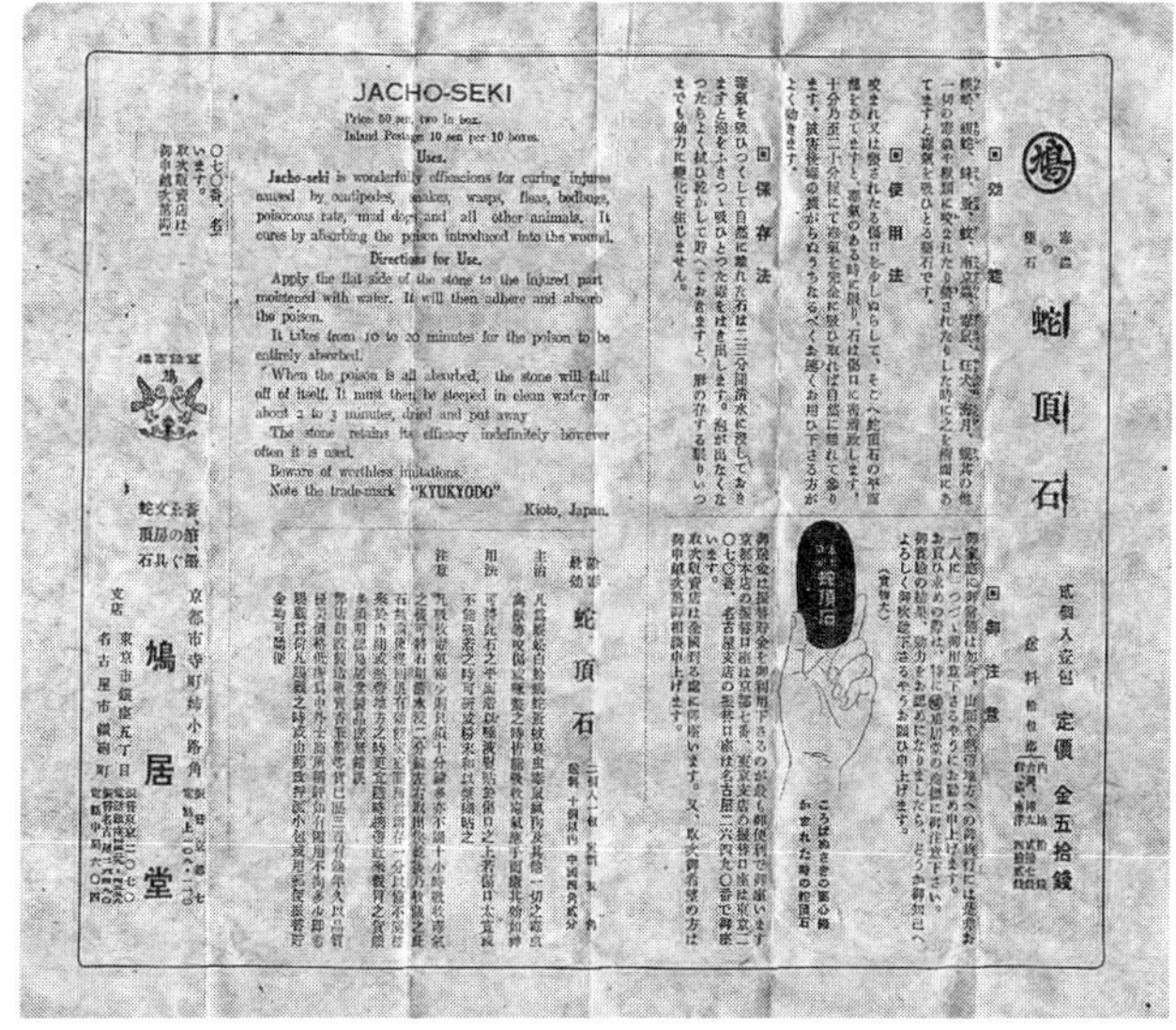

鳩

家庭の妙石

蛇頂石

◎効能

蜈蚣、蝮蛇、蜂、蚤、蚊、南京虫、毒鼠、狂犬、毒虫、其の他一切の毒虫や獣類に咬まれたり螫されたりした時に之を傷口にあてますと毒気を吸ひとる妙石です。

◎使用法

咬まれ又は螫されたる傷口を少しぬらして、そこへ蛇頂石の平面部をあてますと、毒気のある時に限り、石は傷口に密着致します。十分乃至二十分経にて毒気を完全に吸ひ取れば自然に離れて参ります。被害後時の経たぬうちになるべく早くお用ひ下さる方がよく効きます。

◎保存法

毒気を吸ひつくして自然に離れた石は二三分間清水に浸しておきますと泡をふきつゝ吸ひとつた毒をはき出します。泡が出なくなつたらよく拭ひ乾かして貯へておきますと、形の存する限りいつまでも効力に変化を生じません。

JACHO-SEKI

Price 50 sen, two in box.
Inland Postage 10 sen per 10 boxes.

Uses.

Jacho-seki is wonderfully efficacious for curing injures caused by centipedes, snakes, wasps, fleas, bedbugs, poisonous rats, mad dogs and all other animals. It cures by absorbing the poison introduced into the wound.

Directions for Use.

Apply the flat side of the stone to the injured part moistened with water. It will then adhere and absorb the poison.

It takes from 10 to 20 minutes for the poison to be entirely absorbed.

When the poison is all absorbed, the stone will fall off of itself. It must then be steeped in clean water for about 2 to 3 minutes, dried and put away

The stone retains its efficacy indefinitely however often it is used.

Beware of worthless imitations.

Note the trade-mark "KYUKYODO"

Kioto, Japan.

京都市寺町姉小路角

鳩居堂

蛇頂石の効能書〈一般社団法人北多摩薬剤師会ホームページより〉

石の饗宴(きょうえん)

❖植物のように

かつて鉱山はなやかなりしころ、「貫通石(かんつういし)」なるものが流行したことがあった。坑道(こうどう)をつくる際、両方向から掘り始め、貫通する直前に最後の石が残る。これは安産のお守りと信じられ、鉱夫たちの垂涎(すいぜん)の的になった。首尾よく石を得た者は妻のためにもち帰り、妻が必要なくなると出産をひかえた親戚や友人に、ひとくさり霊験(れいげん)を説(と)いたうえで譲るのだった。

貫通石がどんな神社のお守りよりも、威力を発揮したことは想像にかたくない。石のイメージはわかりやすく、象徴的だ。巨大などこおりとして存在していたものは、いまや無事生まれ落ち、新たな道があらわれた。それは安堵(あんど)であり、解放であり、喜びである。まるで、現代の出産準備に活用されているイメージ療法のようだ。妊婦は花がひらくようすや、水が流れるさまをイメージしリラックスすることで、安産を促すことができるという。

貫通石に同じ機能がはたらいていることはまちがいない。そして何より心強いことには、石は心象にはない堅さと重さをもち、実際の「貫通」を記憶しているのだ。「貫通石」のイメージのなかでは、坑道は産道であり、石は胎児になっている。宗教学者のミルチャ・エリアーデによると、エジプト語の〝bi〟という言葉は「膣」と「坑道」のふたつを意味しているという。そして大地を子宮とし、人がそこから生まれたとする神話は世界のいたるところに見いだされるらしい。

「坑道および洞穴が大地母のヴァギナに比定されるのならば、大地の胎内にあるすべてのものは懐妊の状態にあるとはいえ生きているのである。別言すると、鉱山から採取された鉱石はある点で胎児であり、それは、植物的および動物的有機体のとは違う、ある時間的なリズムに従ってではあるがゆっくり成長するのである」

実際、ヨーロッパでは、十七世紀までは「石は成長する」と考えられていた。石は人のように生まれ、成長し、年老い、死ぬ。おもしろいことに「成長する石」のイメージは、しばしば植物の姿を伴っていた。採掘で鉱石が減少すれば、鉱山を再び土で覆い、植物的成長にまかせれば鉱山は蘇り、以前にも増して多くの鉱石を生みだすようになるとする考えは、古くからあった。プリニウスは、実際に「再生した」というスペインの方鉛鉱の鉱山を紹介している。

絵入りの石を研究し書物にまとめたアタナシウス・キルヒャーは、植物と石の本質は互いに混じり合っており、苔類が鉱物の内部に入りこみ、石のような草や実に変わったり、木が水晶や大理石のなかで花を咲かせたりする、とした。たしかに石のなかには、植物を模倣しているように見えるものが数多くある。デザートローズ、アイアンローズといった薔薇状結晶や、ゴールドツリー、ゴールドリーフと呼ばれる自然金、忍石や苔瑪瑙、草入り水晶に見られる模様など、例をあげていけばきりがない。

しかし、そうした外見とは縁のない一片の金属や石ころにも、人々は植物的イメージを重ねていたふしがある。ベーコンは古代の信仰を紹介している。

「ある古代人は、キプロス島にある鉄の一種は、小片に切断して、地中に埋め、水をよくかけると、いわば成長してきて、それらの小片はみなずっと大きくなると伝えている」

『雲根志』にも「石の根」なるものが紹介されている。

「播州佐用栗井村の源兵衛という人、石の根というものを所持す。その来由を尋ぬるに、この人の類家同国津山にあり。その家造作の時石垣の石を取り替ゆることあり。時にわずか二人持ちばかりなる石一ついかにしても動かず。よって人夫大勢集まり、かの石の傍らなる土砂を取り去るに、この石に根ありて形竹の根に異なることなし。色黄にして竹節あり。小根を生じて土中四方へはびこり、その根もまた実に石なり。源兵衛もその席にありて、一尺ばかり折り取りて帰りしと」

源兵衛の親戚の家が石垣の石を取りかえたところ、どうしても動かない石がひとつあった。大勢で石のまわりの土を掘り起こしてみると、驚いたことに石から根が生えていた。見かけは竹の根にそっくりだが、細かい根にいたるまで石でできていた。その場に居あわせた源兵衛は、三十センチばかり折り取って持ち帰った。石亭によると、中国にも同様の話があるという。

❖石の出産

「石は生きている」。人の想像力は、石を生きもののように扱うことを好んできた。子産石（いし）、孕石（はらみいし）、唸石（うなりいし）、囀石（さえずりいし）、鳴石（なりいし）、夜泣石（よなきいし）、人取石（ひととりいし）、戻石（もどりいし）、降石（ふりいし）……。多くの伝承の石が、名前に動詞を冠していることからもわかる。

石が子どもを産む、石が鳴く、石が動く……といった現代の科学には笑止そのものの話を、人は驚くべき執着をもって、何十世紀ものあいだつくり続けてきた。ある朝、誰かが思いついたといった類（たぐい）の話ではないことは明らかだ。それは星の数ほど存在し、長い年月にわたって語りつがれてきた。

かつてヨーロッパには、「イーグルストーン」という名前の石があった。この石は、ほうっておくだけで次から次へと子どもを産み、自ら増えていくという。実際に石の出産風景を見たと主張する著述家もあらわれた。賢いワシは石の繁殖力を知っており、あやかるためにクチバシでつまんで巣に運ぶという伝承があり、石の名前はここからついたという。人々は石を、安産、繁栄のお守りとして尊んだ。

これは、中国では「禹余糧（うよりょう）」「太一（たいいつ）禹余糧」、日本では「コモチイシ」「ハッタイイシ」として知られている石だ。振ると音がするところから「鈴石（すずいし）」「鳴石」とも呼ばれるようになった。英語で「ラトルストーン」、ドイツ語で「クラッペンシュタイン」とも呼ばれている。

石のなかから石があらわれる、あるいは鳴る、という性質が人の好奇心をかきたてたのは容易に想像できる。江戸時代には、この石のからくりは明らかになっていたようで、「禹余糧」「太一禹余糧」の名前は、小野蘭山や平賀源内、木内石亭らの書物にあらわれる。

石亭は「禹余糧」とはべつに「子産石」なるものを『雲根志』に記している。

「予珍蔵の一なり。何国の産をしらず。筑前国安達氏某の秘蔵せるを、故ありて予これを得たり。その石のかたち鳩の卵のごとくにして、赤白色をまじえ、光沢明透にしてはなはだかたき円石なり。この石より時々同品の小豆粒のごとき石を産す。そのはらめる体外へ見えて、しだいにたしかに見ゆることとなり。後分身す。その産るあとまた前のごとくして穴もなし。数粒分身すといえども母石の重さ減ずることなし。奇というべし」

石は産まないということを前提にした「石女」などという言葉もある国で、石の出産を見てしまったのだから大変である。これまで奇譚の類に「弄石家の尋ね需むべきことにあらず」などと冷淡を見せてきた石亭も、今度ばかりは真面目になった。なにしろ他人の体験ではない、自分が目撃したのだ。孕んでいる石のからだが透けてきて、次第に子どもの石があらわれる——。石の変化の描写を読むと、石亭は何かの卵ととりちがえたのではないかと思えてくる。しかし、小豆大の子どもが数個生まれたあと、もとの石は重さも姿も変わっていないという。

❖石の雨

石が動くという点で同様に奇怪な話「雨石」の一文も、ここに引用しておこう。

「寛喜二年庚丑(ママ)十一月八日、大僧都観基御所に参じて申していう、去月十六日夜半に陸奥国芝田郡に石雨のごとくに降る。この石一つ将軍にたてまつる。大さ柚のごとく細長し。廉石の下ること二十余里という。続日本後紀にいう、光仁天皇の御宇宝亀七年丙辰九月二十日石降ること雨のごとしと。また三大実録にいわく、貞観十六年七月大宰府より言す、去ぬる三月四日の夜雷霆ひびきを発して通宵震動し、明くるころおい天気朦朧として暗夜のごとし。時に砂石を降らす。その色黒く終日やまず。地に小石降り積むことその厚さ五寸あるいは三寸、昏暮におよぶころ雨となる」

これを読むと、日本各地で「石が雨のように降る」という事件が報告されているようだ。同じことは中国の文献にもある、と石亭は付記している。火山の噴火の類ではないかと疑いたくなるのだが、自然科学者ライアル・ワトソンによると、理由なき「石の雨」は世界でそれほど珍しいことではないらしい。

その例をあげると、一九五七年、オーストラリアのパンフリーでアボリジニの農夫が石の雨に襲われた。テントのなかで二人の証人が彼を保護しているあいだも石は降りやまず、それは五日間続いたという。一九七三年、ニューヨーク州のスカニートルズ湖で釣りをしていた男性が、石の雨に見舞われた。彼らはその日、立ち寄ったバーの前などで数度にわたって石の襲撃に遭(あ)い、降ってきた石についてシラキュース大学の地学者は「ありふれた石だった」と証言している。一九七五年のある朝、イギリスのコッツウォルズの農夫は、一夜にして自分の麦畑が一面小さな石で覆(おお)われてしまっていることに気がついた。人間がひとりで積めば一生かかるほどの量だった、と目撃者は証言している。

ワトソンによると、「大きさも形も異なり、単独もしくは雨となり、何らかの刻印のあるものもないもの熱いもの冷たいもの、屋内屋外を問わず、石は世界じゅうのあらゆる人たちに降っている」という。多くはポルターガイストで起こる現象であり、ワトソン自身、インドネシアの無人の小屋のなかにいたとき、石が飛んできて胸に当たるという経験をしたらしい。

石は、科学にも理解できないふるまいをすることが、しばしばある。アメリカのデスバレー国立公園にあるレーストラック・プラヤでは、二百五十キロにも達する巨石が滑走した跡が数十メートルの溝となって発見されることが知られている。この乾燥平野（プラヤ）は湖の底が干上がってできたもので、一説には、雪や氷が薄く地面を覆っているとき、あるいは雨で粘土が滑りやすくなっているとき、風が石を動かすのだろうと考えられている。とはいえ、科学者を最も悩ませたのは、それぞれの石の滑走方向がまるで違うう え、転がりやすいはずの小さい石や丸い石がまったく反応していないという点にあった。

イギリスのストーンサークルについても興味深い報告がなされている。一九七〇年代のはじめ、ひとりの動物学者がオックスフォードシャーで超音波探知機を使ってキクガシラコウモリを探していた。たまたま巨石群を通り過ぎたとき、探知器が規則的で強い高周波音を発し始めたことに驚いた彼は、生物の痕跡を探したが、石以外の何も見つからなかった。それはまるで、石たちが高周波の会話をかわし合っているかのように聞こえたという。

彼の報告を受けて、変則的なエネルギーに興味をもつ科学者のグループが〝ドラゴン・プロジェクト〟を結成し、巨石群の新たな調査にのりだした。その結果、オックスフォードシャーのストーンサークルでは、天候にかかわらず明け方、強烈な高周波振動が発生していることがわかった。これは季節によって変化し、昼夜の長さが同じになる春分と秋分の朝、最も高い音を発するという。また、ストーンサークルの中心には、一切音を発しな

デスバレー国立公園・プラヤの動く石とその軌跡

い「沈黙の環（わ）」が存在していた。

ワトソンは「いくつかの先史時代遺跡の周辺では電磁気もしくは物理的な力に異常が生じること、そしてそれが石に直接関係していることは明らかだ」という。そして、「石全般あるいは、ある種の石が何らかの力を媒介する」という古くからの信仰とつながっている可能性を指摘している。

4章 博物館にて

石に暮らす

❖石くれ小僧（こぞう）

夜の地質標本館は、深い水の底のようだ。五百万分の一の地球儀が、広いホールに錨（いかり）のような青い影を落としている。足音が頭上から降ってくる。音は重なり、混じり合い、誰のものともわからなくなる。

闇のなかには、何千という鉱物や化石が沈んでいるはずだった。輝安鉱（きあんこう）の鈍色（にびいろ）は放射状に伸び、乙女（おとめ）鉱山の日本式双晶（そうしょう）は白い羽を広げ、異常巻きアンモナイトは排気管の蛇腹（じゃばら）のようにのたうっていた。巨大な花崗岩（かこうがん）の石板では、六千万年前のマグマが砂岩を押しつぶし、そこで力尽きて岩をくわえこんだままの姿で止まっていた。

夜がふけるにつれて、石が吐きだす空気は濃厚になり、ゆっくりと満ちてくるようだった。鉄の扉を後ろ手に閉めると、いつもの雑然と明るい研究室が広がっている。床には新聞紙にくるまれた岩石や、近所の老婆が差し入れたらしい、まだ土のついている大根が積まれている。

五時に職員が帰った後も、館長（取材当時）の豊遙秋さんはひとり残って仕事をする。地下にはラベルのつけられていない鉱物や岩石が二十万点近く眠っている。古い箱や袋に入ったものをどさりと机に並べ、ああでもないこうでもないと眺めまわし、機械の助けも借りて、ひとつひとつ名前や産地を特定していくのである。この時間には、芳醇な酒をひとり舐めているような楽しみがひそんでいる。

東京の妻子と離れて、筑波の単身寮で暮らすようになってから十数年がたった。職場で石を眺め、寮に帰っても、やはり石を眺めてひとり酒を呑んでいるのだ。よくイヤにならないね、と呆れられるが、こんなしあわせはないと思う。

石にとり憑かれたのは、小学校六年生のときだった。先生に誘われて「無名会」の鉱物採集に参加したのがきっかけだ。「無名会」といえば、石の収集で知る人ぞ知る櫻井欽一氏が主宰するアマチュアの鉱物愛好会である。その日は伊豆の修善寺で、沸石の採集だった。

「沸石は英名でゼオライトっていうんです。この石を加熱してできた白い粉は、吸着力があって汚れをとるうえに、あまり固くないから歯を傷つけない。で、歯磨きの材料になる。むかしは〝ゼオラ歯磨き〟ってのが実際にあったんですよ。櫻井さんはこういう話を言葉巧みにぺらぺらと喋る。目からウロコが落ちました」

石と歯磨き！　少年の頭のなかで何かがかちりと音をたてた。ズームレンズに切り替わったように、石は突然、視界のなかで大きくなった。

「沸石は出方が劇的でしょ。きたならしい凝灰岩を割ると、中からきらきら光る白い結晶があらわれる。まるで宝探し。始めると同時に、さかりがついたみたいに走りまわった。石くれ、石くれ、ってよく大人たちを追いかけた」

石くれ小僧は、沸石を皮切りに、エメラルド、緑柱石と次なる標的を追いかけて、夜行列車を乗り継ぎ福島の郡山や岐阜の中津川にまで足を伸ばすようになった。中学時代の写真には、詰め襟にヘルメット姿で誇らしげに石を抱えた姿が写っている。鉱山が全盛だった時代、人々の心にもゆとりがあった。鉱夫たちは、採掘場をうろつく青年に、仕事の邪魔になると叱るどころか、スルメの天麩羅に味噌汁、熱いご飯をふるまってくれた。「豊鉱物研究所」と書いた木の札を大真面目に自室に掲げたのも、このころだ。

誰の目にもあきらかな石ぐるいとなっていた彼は、意気揚々とかつての鉱山専門学校であった秋田大学鉱山学部に入学した。リュックを背負って日本中を旅する鉱物三昧の日々が始まった。

「実はね、商船大学を受けようかと本気で思っていたんですよ。当時は高度経済成長で、宝石を外国からどんどん買う時代でね。大きな宝石運搬船がフル回転してるという話を聞いて、船に乗れば石をいじれるんじゃないかと」

豊さんは、東京大学理学部の大学院で助手を務めたあと地質調査所に移っている。日本の鉱物学者としては珍しい、アマチュアからスタートした人だ。

❖標本整理請負人

地質調査所は、明治政府によって日本の鉱物資源を開発し保護するためにつくられ、現在では産総研の一部となっている。調査所がつくる地質図は、いわば日本という国が「自らのからだ」を知るための人体解剖図のようなものだ。道路を敷き、ダムをつくり、家を建てるための欠かせない情報になる。また、鉱山全盛期にさまざまな鉱物を採集していた意味は大きい。地質標本館は、その研究と収集を一般に見せる場所である。地質標本館が収蔵する標本数は、およそ四十万(当時)。全国では、ずば抜けて多い。

しかし、その半分にラベルが無いという事実は、豊(ぶんの)さんを悩ませる。実際、地質調査所が百十年にわたって採集してきたこれらの標本も、名前と産地が特定できなければ、ただの瓦礫(がれき)の山にすぎない。鉱物名を知ることによって、それが採れた土地、ひいては地球についての情報を得ることができ、また逆に土地の情報から、鉱物についての知識を深めることもできるからだ。

彼が一年間に整理できる標本の数はざっと二千。とすれば、単純に計算して百年かかる。しかし定年までには十年しか残されていない。ふとわれにかえって行く手に積まれた石の山を思うとき、きりきりと胃が締めあげられるような焦燥に駆られるのだった。

「ほんとうに、どうしたらいいのか。地質標本館の標本だけは、きっちりと整理してコンピューターに入れておきたい。僕がぽっくり死んでも、誰でもデータベースとして引きだせるようにしておきたい」

豊さんが、自らを「標本整理請負人」と呼び、わがことのように焦っているのには訳がある。現在、日本には、鉱物の顔を見て「どこの何である」と正しく答えられる人はほとんどいない。これは鉱物学における分類学、同定学といわれる分野だが、いまや古典のジャンルとなってしまい、「鉱物をやる」といえば物性学や結晶学を意味するようになっているのだ。つまり水晶なら、〇・一ミリのかけらを切り取り物性を調べたり、原子の配列がどうなっているかを観察したりするのである。

「水晶で学位をとった人に、きれいな水晶を見せて〝これは何か知っている？〟と聞いても、わからない。みんな見たことないんです。調査所に入ってきた若い連中に石を見せて問題をだすとね、ほとんど答えられない。黄鉄鉱（おうてっこう）や方解石（ほうかいせき）といったやさしいのを十題だしても、やっと一問答えられるくらい。上級国家公務員試験をトップクラスでパスしてきた連中ですよ」

石には、どうしても機械で特定できない領域がある。たとえば、砂糖と沸石（ふっせき）の粉が同じ構造だと仮定すると、X線でうつすと同じデータがでる。すると機械だけで分析すれば、何のためらいもなく「両方とも砂糖です」と言ってしまえる状況なのだ。そのとき、肉眼や触感など経験から得た知識がものをいう。膨大な量の実物を見てきた経験と、専門的な知識の両方を合わせもつ人間が必要になる。

「でも、経験からくる知識は、なかなか大学の四年間では得られないんですね。四千ある鉱物の各論なんて、もう大学では教えない。学生たちも、実際に山を歩いて石を見ようとしない。いま、地質学科そのものが、どんどんなくなっているんですよ。九州大学、名古屋大学からも消えてしまった」

鉱物のむずかしさは、植物や昆虫のように図鑑を片手に、単純な絵合わせでは判別できないところにある。赤いはずのガーネットにも緑や黄色があり、緑柱石（りょくちゅうせき）にも赤や黄色があるのだ。鉱物のプロたちが鉱物を見なくなり、鉱物を見るアマチュアは知識の煩雑（はんざつ）さに阻まれて正しい情報にたどりつけないとなると、結局、ほんとうの意味で鉱物を知っている人はいなくなる。鉱物は、いわば「謎の物体」になりつつあるのだ。

「危機感があります。二十一世紀にはどうなってしまうのか。学者も年老い、マニアも年老い……。じっさい、鉱物愛好会は、どんどん高齢化しているんですよ。このままいくと鉱物学、地球科学をやる人がいなくなっちゃう」

❖身近な謎の物体

鉱物が日本人から遠いものになりつつあることの背景には、学問の変遷もさることながら、鉱山の衰退も影を落としている。一九五〇〜六〇年代には五十近くあった炭鉱は、いまではわずか一ヵ所が操業するだけになってしまった。一攫千金を狙う山師や、水晶掘り名人といった人々は遠い過去の住人である。

豊さんが子どものころは、道路の砂利のなかに、しばしば黄鉄鉱の美しい立方体が見つかった。黄鉄鉱は金属鉱石を産する鉱山ならどこからでも採れる。おそらく東京の道路をつくるために、全国から鉱山の廃石がどんどん運ばれていたにちがいない。子どもの彼はいつも頭を垂れ、目を皿のようにして歩いたという。

石炭割りにも、発見の楽しみがひそんでいた。風呂の焚き口に合わせて、金槌で大きな塊を砕くと、とき折り、なかから琥珀があらわれる。かつて石炭がシダ植物であり、琥珀が樹脂であったという事実は、どんな知識よりもすんなりと子どもの心にしみこんだ。

石の体験と呼べるものがあるとすれば、現代は、それがもっとも痩せ細っている時代かもしれない。われわれの多くは、ジュエリーショップで売られるガーネットは知っていても、白い雲母の母岩に埋まった飴玉のような二十四面体を知らない。ダイヤモンドの指輪は知っていても、黒いキンバレー岩に宿った朝露のような輝きを見ることができない。こうした石の産状を知っていれば、いにしえの人々が抱いた「石が植物のように生えてくる」というイメージも、けっして荒唐無稽でないことが理解できるだろう。

現代においては、石は、エスカレーターの階段のように、見えないところからやってきて、見えないところに消えてしまう。実際には、消えたわけではない。われわれのすぐそばに存在し、不断にはたらき続けているのだ。

豊さんを仰天させた沸石は、いまでは人造鉱物が開発され、猫のトイレなどの脱臭剤として活躍している。同じゼオライトを主成分とする大谷石は、養鶏場の臭い消しとして使われている。放射性廃棄物をゼオライトに吸着させて隔離するという方法も注目されているらしい。

本の紙にさえ、滑石が混じっている。紙に重みと滑りをもたせるためだ。陶器に使われるカオリナイトがコピー紙に混入される場合もある。鉛筆の芯は黒鉛（こくえん）。チョークは石膏（せっこう）だ。かつてテレビのブラウン管の表面には天青石（てんせいせき）からとれるストロンチウムが塗られていた。電磁波からからだを守るためだ。クォーツ時計には、ご存じのとおり水晶が内蔵されている。時計と同様、水晶の規則正しく振動する性質を利用したものには、ラジオやテレビがある。コンピューターの内部には白金（プラチナ）が、電子回路を組みこんだ基盤には人造鉱物のシリコンからつくったシリコンチップが使われている。これはクレジットカードの表面にも貼られている。

どこもかしこも石だらけだ。キッチンをのぞくと、ガス着火装置には水晶が使われている。これは力を加えると電気を発生する水晶の圧電現象を利用したものだ。アルミホイルは、ボーキサイト。ビールのアルミ缶も同じだ。流しや鍋のステンレスは、ニッケル鉱からつくられる。

自動車に乗ると、マフラーは白金、塗装のメタルには雲母（うんも）が塗られている。赤い車のさび止め塗料には赤鉄鉱（せきてっこう）の粉が入っている。病院でも、外科用メスにダイヤモンドが埋め込まれている。体温計は水銀。ギプスは石膏。人工骨は燐灰石（りんかいせき）からつくられる。

石は空にも飛んでいる。飛行機は、姿を変えたチタン鉄鉱だ。花火のなかで燃えているのは、天青石に含まれるストロンチウムだ。レーザー光線は人造ルビーから生みだされる。船外活動をする宇宙飛行士のヘルメットの前面には、宇宙空間の強烈な光と熱から人体を守るために金が貼られている。はるか金星に旅立った探査船〝パイオニア・ヴィーナス〟の窓にはダイヤモンドがはめられた。

エスカレーターに乗ると、人は不思議にぼんやりと無意識になる。せいぜい注意すべきは前方であって、足の下ではないのだ。われわれは文明のエスカレーターに乗っている。いったい自分を運んでいるものが何であるのか、一度くらい調べてみてもよいのではないだろうか。

豊さんのポケットには、いつもルーペが入っている。年とともに老眼になり、レストランでちょっとメニューを見るときに重宝するという利点もあるにはあるが、実際にはどこかで石にでくわしたときの用心である。道路という道路が舗装されたいまも、思いがけない出会いが待ち受けていないとも限らない。なにしろ、われわれは石の星に暮らしているのだから。

バナナになった石

❖人間はどこから

むかしむかしむかし。人間が最終的にどういうかたちになるか、まだ決まっていなかったころ。一本のバナナの木と一個の大石が言い争いをした。石は言った。「人間はわたしと同じ姿をもち、わたしのように固くなければならない。そして彼らは不死であるべきだ」。バナナの木は言い返した。「いや人間は、わたしに似た外見であるべきだ。そしてわたしと同じように子を生まなければならない」。

バナナと石の言い争いはしだいに激しくなり、ついには怒った石がバナナの木にとびかかり一撃のもとに打ち砕いてしまった。ところが次の日には、同じ場所にバナナの子どもたちが生え、ふたたび言い争いが始まった。こうしたことが果てしなく繰り返された末、ある日、新しいバナナの長子が険しい崖の端に生えでて叫んだ。「この戦いは、われわれのどちらかが勝つまで終わらないぞ！」。

石は怒りくるい、バナナの木に向かってとびかかったが、的をはずして深い谷底に落ちてしまった。バナナたちは飛びあがって喜んだ。「われわれの勝ちだ！　さすがのおまえもそこからは出てこれまい」。石は言った。「よろしい。人間はおまえたちが望むような姿になるがよい。だがそのかわり、おまえたち同様、死ななければならないぞ」。


インドネシアのセラム島に伝わるという伝説は、人間の出自がバナナであったと明かしている。いったい人間が石にひきつけられるのは、石と同じく不死の運命を手に入れられたかもしれない、という過去のはかない可能性ゆえだろうか。

バナナの生育周期は短い。親株が花を咲かせるころ、根元に子株が芽をだし、親株が実をつけ切り倒されたあと半年もすると、子株は一人前の大きさになり花を咲かせている。個としての生命は短いが、種（しゅ）としての生命は太く長い。たわわに繁（しげ）る熱帯であれば、バナナは絶えることなく生きつづけるだろう。

しかし……と人間は思う。個が早々と死んでしまうなら、たとえ種が未来永劫（えいごう）生き延びたとしても甲斐ないことではないだろうか。何十年かのちには確実にこの「私」は存在せず、それは「私」にとってみれば、事実上この世の終わりなのだから。

地球の未来、無限のリサイクルを論じながら、一方、心の奥深くでは「私の死がこの世の終わりである」という考えを拭いきれない人間は、石に勝って大喜びするバナナとははるかかけ離れた地平に立っている。バナナの運命を与えられたとき、彼らの無邪気さもいっしょに授かっておくべきだったのだ。

❖石の庭園

ロサンゼルス自然史博物館の鉱物の部屋の入口には、大きな水晶玉（すいしょう）が置かれている。直径およそ二十七センチ、三十キログラム。無傷のものでは世界で最大級のものらしい。もう何度も訪ねているので、そう熱心に展示物を見ようという情熱もない私は、この玉のまわりをぶらぶらする。

ガラス玉と水晶玉の違いは、偏光板（へんこうばん）を使えばすぐわかるらしい。水晶は結晶しているため、玉を通った光は明るくなったり暗くなったりするのだ。偏光板などもっていない私は、黙って玉を睨む。はたして何人の占い師がこの前に立ったのだろうか。玉の中心にちらとでも何かが見えないかと期待するが、逆さまの廊下と〝EXIT〟の赤いランプが映っているだけだ。

あきらめて歩き始める。暗闇のなかに、この星で採集された色とりどりの鉱物が輝いている。赤い花や青い花がある。白い噴水や黒いトーテムがある。石の庭園の片隅に腰をおろし、通り過ぎていく人たちを眺めることにする。

「積木だよ、おかあさん。だれが積みあげたの？」

「さあね」

「僕が積んだんだよ」

「ほんと？　むかし……？」

「父さん、来いよ！　ベリルだよ。ユダヤ人の好きなやつだ。これなら大きな指輪になるよ。……コロンビア……こっちはアクアマリン、ブラジルだ」

「お、こりゃきれいじゃないか。お祖母さんは、これより大きいのを大事にしてたよ。なんでもベリルは目を良くするってね」

眼鏡をかけた清掃員がスプレーと雑巾をぶらさげガラスを拭いている。高いところや低いところ、大小さまざまな指紋がついている。誰もが水槽のカエルのようにショーケースに貼りついているのだ。とりわけ金鉱のコーナーには人だかりができている。

「カリフォルニア、ゴールデンステイト……」

「金だぜ」

「本物か？」

「そりゃそうだろ」

「このケース全部？」

「ああ（こぶしで叩く）、二重ガラスだよ。間違いない」

「誰か割ってもってかないかな」

「やってみれば？」

「……（笑）」

「やっぱりおれは、金が一番好きさ（笑）」


「胡桃割り人形」の音楽が流れ始めた。にぎやかなナレーターの声とともに、足もとで光の輪がおどり始める。闇に沈んでいた壁にいつのまにかピラミッドの映像が映しだされている。ビデオ「金よ、永遠に」の上映時間だ。私は立ちあがり、歩き始めた。

「パパ、隕石だよ。……アリゾナに落ちたんだ」

「触っちゃいけないよ」
「どうしたらこんなふうに溶けるのかな。隕鉄(いんてつ)だぜ、これ」
「そうとう熱いんだよ」
「ほら見ろよ、穴があいてる、こっちにも。手が入るぞ」

鋭いものでえぐりとられたような、奇妙なかたち。「ロダン作、地獄の門の一部」とでも説明書をつければぴったりくるかもしれない。

私はこの隕石を、ひそかに「宇宙船」と呼んでいた。石の前に立つと、不思議なことに、人の話し声や胡桃割り人形が新しい暗号のような存在感と疎外感を帯びて頭蓋(とうがい)のなかに響き始めるのだった。初めてこの星に降り立った地球外生命体がいるとすれば、おそらくこんなふうにちがいない。石はつかのまそばに立つ者に、宇宙の目と耳と記憶を貸し与える仕掛けをもっているのだろうか？

目を閉じると、まぶたのスクリーンに暗黒の宇宙が広がった。ごつごつした岩が飛んでいく。岩はときおり互いに激しく衝突し合い、合体して、巨大な球体、微惑星となる。

ある微惑星の集団は、太陽から適切な距離にあったため、内部の水を蒸発させてしまうことなく、また凍結させてしまうこともなく保持したまま合体し、ひとつの惑星をかたちづくった。地球が誕生した。

衝突や収縮、放射能による熱で、地表はどろどろに溶けたマグマの海（マグマオーシャン）に覆われていた。微惑星に含まれていた水は、このとき水蒸気となって噴き出し、二酸化炭素などとともに熱い大気となって地表を覆った。惑星の半径が現在の九十八パーセントに達したころ、微惑星の衝突は減り始め、地表は急速に冷え始めた。マグマから鉱物が晶出し、岩石となり、地殻があらわれた。

高温のため水蒸気のかたちで大気中に蓄えられていた水は、ついに気体であり続けることができず、雨となって熱い地上に降り始めた。天地を轟かせるような豪雨が千年近くも降り続いた。そして、海が誕生した。海はまだ煮えたぎるように熱く、熱水は岩石からさまざまな化学物質を溶かしだした。

原始太陽からの激しい放射線や雷のエネルギーが引き金になり、海のなかで単純な有機物がつくられ、凝集して「原始のスープ」となった。生物の細胞液のように濃い有機溶液は、自己組織化によって核酸へと進化し、やがて生命が出現した。

生命は海から、海は大気から、大気はマグマから、マグマは隕石からつくられた……。人間という種は隕石から来た。

子どもたちが、明るいガラスケースをはさんで、かくれんぼを始めた。からだを屈め、小走りに駆けていった少年が、ぷいともどってきて目の前の石に触れた。

「おいで！　すごい石があるよ」

肉体を石から、運命をバナナから受け継いだ人々が少年の声にふり返った。

旧版あとがき

壁でかこまれた小さな空地に、ふたりの天使が立っている。ひとりが言う。
「流れに降りるよ。諺の意味が、ようやくわかった。〝瀬に降りるべし〟。岸などない。流れに降りてこそ、瀬があるのさ。時の瀬、死の瀬に立つ。天使の望楼から降りるんだ」
天使は、小さな石ころを額に押しつける。

まだ見終わっていない再校の束を床のうえに放りだして、四角い画面を眺めていた。レンタルビデオ屋の棚に、久しぶりに『ベルリン・天使の詩』を見つけた。編集者からの手紙には「一日でも早いお戻し、切に……」とあったのだが、無性に見たくなってしまったのだ。

この映画を何度も見ているのに、気づかなかった。人間になることを決意した天使ダミエルが、これまでの不死の運命を、短いが燃えるような生命と交換するとき、石ころを額に押しつけた姿で倒れてゆく。まるで石が、天使としての死と、人間としての生を媒介するかのように。

石は、ダミエルが愛した人間の女マリオンがもっていたものだ。トレーラーハウスの片すみに置かれた少女のころの写真、その下に転がっていたいくつかの何の変哲もない石ころ。初めてマリオンの部屋に足を踏み入れたとき、天使の耳は女の奇妙な独り言を聞いたのだった。

「閉じた目の中でさらに目を閉じれば、石だって生き始める」

この本を書いている私のまぶたの裏がわで、石は不思議な踊りを踊り続けていた。

本を仕上げるにあたって、多くの人々にお世話になった。凡地学研究社の菊地司さん、地質調査所の吉井守正さん、益富地学会館の藤原卓さん、そして快く取材に応じてくださった方々に感謝します。

そして、こまやかな配慮で編集を担当してくださった渡辺英明さん、ありがとう。

一九九七年四月　　徳井いつこ

この世の手触り——復刊あとがきにかえて

遠く旅した道が大きく弧を描いて戻ってくる。

やあ、久しぶり、と手をあげる。懐かしさに目を細める。

自分からでていったものだが、とっくに自分のものではなくなっている。すべての読みものと等しく、どこかのだれかが書いたような？　久々に読み返していて、目がとまる。


「おそらく子どもの私は石を触りながら、世界の手触りをたしかめていたのだ。その重さ、冷たさ、なめらかさ、愛らしさ。」


ああ、そうだ。ずっと同じことをやっている。子どものころも、いまも、これからも。きっと死ぬ瞬間までやっているだろう。

もしかしたら、と思う。「世界の手触りをたしかめる」のは、この世に送られた人間の、唯一の、大事なしごとではないか？

石には、人をして、ひたむきに「しごと」に専念させるところがある。子どもも大人も、女も男も、アマチュアもプロも、それぞれのやり方で、それぞれの「しごと」にいそしんでいる。いまこの瞬間も、どこかでだれかが……？

リボンを一回ねじって両端を貼り合わせたら、メビウスの帯ができあがる。表をすべっている指が、いつのまにか裏に、裏をすべっている指が、いつのまにか表になっている。石がもたらす感触は、どこかしらそれに似ている。未知の、無境界の、名づけえぬ全体が、予感となって迫ってくる。

ふうっと、人はため息をつく。

『ミステリーストーン』刊行から二十七年。こうしてふたたび世に送りだすことができるのは、思いがけない喜びだ。時代の速い流れにもかかわらず、口伝てに、またはSNSで囁かれ、復刊が待たれる声が絶えなかったのは、ひとえに石の引力の賜物だろう。古代から続く、石と人のあいだの緊密な糸を、表紙にして見せてくださった装丁家の山田英春さん、快く鉱物写真をお貸しくださった石橋隆さん、復刊に尽力し、編集してくださった創元社の小野紗也香さんに感謝します。

二〇二四年四月

徳井いつこ

❖参考文献

『石が書く』　ロジェ・カイヨワ、菅谷暁［訳］　創元社
『石の文化史』　M・シャックリー、鈴木公雄［訳］　岩波書店
『石ころの話』　R・V・ディートリック、滝上豊［訳］　地人書館
『雲根志』　木内石亭、今井功［訳注］　築地書館
『石――昭和雲根志1』　益富寿之助　六月社
『正倉院石薬』　益富寿之助　日本地学研究会館
『鉱物』　益富寿之助　保育社
『楽しい鉱物学』　堀秀道　草思社
『楽しい鉱物図鑑』　堀秀道　草思社
『石の神秘力（別冊歴史読本）』　新人物往来社
『宝石の物語』　小林将利　フォー・ユー
『宝石のはなし』　白水晴雄・青木義和　技報堂出版
『新・石の文明と科学』　中山勇　啓文社
『つぶて』　中沢厚　法政大学出版局
『石にやどるもの』　中沢厚　平凡社

『チベットのモーツァルト』　中沢新一　せりか書房
『石の宗教』　五来重　角川書店
『胡桃の中の世界』　澁澤龍彦　白水社
『エリアーデ著作集2・4・5』　ミルチャ・エリアーデ、久米博・前田耕作・大室幹雄［訳］　せりか書房
『大地と意志の夢想』　ガストン・バシュラール、及川馥［訳］　思潮社
『書物の王国6　鉱物』　アンドレ・ブルトンほか、巖谷國士ほか［訳］　国書刊行会
『Ｉｓ』vol.10　ポーラ文化研究所
『大地の贈りもの』　ナショナル・ジオグラフィック・ソサエティ［編］、松本剛史［訳］　岩波書店
『石をしらべよう』　佐々木操　国土社
『地球のはなし』　島村英紀　講談社
『生命の誕生』　大島泰郎　講談社
『地球科学への招待』　浜田隆士　東京大学出版会
『流星と火球と隕石と』　Ｈ・Ｒ・ポベンマイヤー、河越彰彦・渡部潤一ほか［訳］　地人書館
『五〇〇〇年前の男』　コンラート・シュピンドラー、畔上司［訳］　文藝春秋
『ピラミッドの謎』　吉村作治　講談社

『生命潮流』　ライアル・ワトソン、木幡和枝・村田恵子・中野恵津子〔訳〕　工作舎
『シークレット・ライフ』　ライアル・ワトソン、内田美恵〔訳〕　ちくま文庫
『アースワークス』　ライアル・ワトソン、内田美恵〔訳〕　ちくま文庫
『週刊朝日百科　動物たちの地球　11』　朝日新聞社
『世界の伝記　宮沢賢治』　須知徳平　ぎょうせい
『新潮日本文学アルバム12　宮沢賢治』　新潮社
『農民の地学者――宮沢賢治』　宮城一男　築地書館
『注文の多い料理店』　宮沢賢治　新潮文庫
『京都町なかの暮らし』　寿岳章子　草思社
『イタリア紀行』　ゲーテ、相良守〔訳〕　岩波文庫
『ニーチェ全集9・10　ツァラトゥストラ』上・下　ニーチェ、吉沢伝三郎〔訳〕　ちくま学芸文庫
『この人を見よ』　ニーチェ、西尾幹二〔訳〕　新潮文庫
『ニーチェ』　工藤綏夫　清水書院
『ニーチェとの対話』　西尾幹二　講談社現代新書
『ユング自伝――思い出・夢・思想1・2』　A・ヤッフェ〔編〕、河合隼雄ほか〔訳〕　みすず書房
『ユング』　林道義　清水書院

『元型論』　C・G・ユング、林道義［訳］　紀伊國屋書店
『心理学と錬金術Ⅰ・Ⅱ』　C・G・ユング、池田紘一・鎌田道生［訳］　人文書院
『人間と象徴　上・下』　C・G・ユング、河合隼雄［監訳］　河出書房新社
『元型と象徴の事典』　アーキタイプ・シンボル研究文庫　青土社
『世界の神話伝説（総解説）』　吉田敦彦ほか　自由国民社
『幻想物語の文法』　私市保彦　晶文社
『アメリカン・チャイルドフッド』　アニー・ディラード、柳沢由実子［訳］　パピルス
『ジョージア・オキーフ』　ローリー・ライル、道下匡子［訳］　パルコ出版
“*O'Keeffe at Abiquiu*” Christine Taylor Patten Abrams
“*Birthday*” Dorothea Tanning The Lapis Press
“*Catalogue of Meteorite Craters*” The Great Britain Museum
“*Meteorites*” Robert Hutchison and Andrew Graham The Natural History Museum
“*Gem Stones*” Cally Hall Dorling Kindersley Book
“*Rocks and Minerals*” Dorling Kindersley Book
“*Crystal and Gem*” Dorling Kindersley Book
“*American Indian Myths and Legends*” Pantheon

徳井いつこ　Itsuko Tokui

神戸市出身。同志社大学文学部卒業。編集者をへて執筆活動に入る。アメリカ、イギリスに7年暮らす。手仕事や暮らしの美、異なる文化の人々の物語など、エッセイ、紀行文の分野で活躍。自然を愛し、旅することを喜びとする。著書に『スピリットの器――プエブロ・インディアンの大地から』（地湧社）、『ミステリーストーン』（筑摩書房）、『インディアンの夢のあと――北米大陸に神話と遺跡を訪ねて』（平凡社新書）、『アメリカのおいしい食卓』（平凡社）、『この世あそび――紅茶一杯ぶんの言葉』（平凡社）がある。

夢（ゆめ）みる石（いし）――石（いし）と人（ひと）のふしぎな物語（ものがたり）

2024年6月10日　第1版第1刷　発行

著　者　徳井いつこ
発行者　矢部敬一
発行所　株式会社 創元社
https://www.sogensha.co.jp/
本　　社　〒541-0047　大阪市中央区淡路町4-3-6
Tel. 06-6231-9010（代）　Fax. 06-6233-3111
東京支店　〒101-0051　東京都千代田区神田神保町1-2 田辺ビル
Tel. 03-6811-0662

装丁・フォーマットデザイン　山田英春
組版・印刷　株式会社 太洋社

ISBN978-4-422-44044-6 C0044